定向凝固铜基规则多孔材料

金青林　李再久　黎振华　宋群玲　著

科学出版社

北　京

内 容 简 介

本书全面介绍了金属-气体定向凝固理论、规则多孔铜及其合金的制备、多孔金属结构控制和应用。本书共分为8章,第1章为绪论;第2章为金属中的气泡形核与生长,包括气孔结构参数的表征、气泡形核和生长机制;第3章为金属-氢共晶定向凝固热力学模型的建立;第4章为规则多孔铜的制备工艺,包括模铸法、连续区域熔炼法、连续铸造法;第5章为定向凝固法制备的规则多孔铜合金,包括铜-锌合金、铜-镍合金、铜-铬合金;第6、7章为多孔铜的性能研究,包括拉伸行为、压缩行为、力学行为的有限元模拟及其传热性能;第8章为规则多孔铜基复合材料的制备和摩擦磨损性能测试。

本书是材料加工工程及相关专业的专著,可供从事多孔材料研究、生产和使用的科研人员与工程技术人员参考阅读。

图书在版编目(CIP)数据

定向凝固铜基规则多孔材料 / 金青林等著. —北京:科学出版社,2022.7

ISBN 978-7-03-068144-7

Ⅰ. ①定… Ⅱ. ①金… Ⅲ. ①定向凝固－铜基复合材料－多孔性材料 Ⅳ. ①TB333.1

中国版本图书馆 CIP 数据核字(2021)第 034111 号

责任编辑:叶苏苏 孙静惠 / 责任校对:杨 赛
责任印制:罗 科 / 封面设计:义和文创

科 学 出 版 社 出版

北京东黄城根北街 16 号
邮政编码:100717
http://www.sciencep.com

四川煤田地质制图印刷厂 印刷

科学出版社发行 各地新华书店经销

*

2022 年 7 月第 一 版 开本:720 × 1000 1/16
2022 年 7 月第一次印刷 印张:13 1/2
字数:272 000

定价:149.00 元

(如有印装质量问题,我社负责调换)

前　言

金属-气体共晶定向凝固，又被称为 Gasar，是 1993 年乌克兰科学家夏普洛夫（Shapovalov）提出的一种制备规则多孔金属的新方法。利用气体在金属固、液两相中的溶解度差，通过控制凝固条件，使气体在凝固时析出形成气泡并与固相协同生长，从而获得气孔规则定向排布、性能独特的多孔金属，改变了人们一直以来将铸造合金中气孔作为缺陷的认识。

相比于烧结、发泡等传统方法制备的多孔金属，金属-气体共晶定向凝固多孔金属由于内部气孔呈圆柱形且沿凝固方向定向排列，其除具有传统多孔金属密度小、刚度高、减震性能好等特点外，还具有自己特殊的综合性能优势，如优异的力学性能、热交换性能，因而具有重要的潜在应用价值，在大分子过滤器、自润滑材料、火箭燃烧室冷却元件、高效散热器等器件的应用中表现出独特优势。美国海军研究实验室［（Naval Research Laboratory，NRL），1995 年］、麻省理工学院（1996 年）、桑迪亚国家实验室（1998 年）、英国女王大学等机构开展了大量研究。特别是日本大阪大学在规则多孔材料的工艺、性能和应用等方面进行了大量的研究工作。

在国内，1994 年董永祺、杨遇春分别以科技信息和高新材料等若干新进展综述的形式，在《宇航材料工艺》和《稀有金属》期刊上对规则多孔材料进行了介绍。2002 年，清华大学李言祥、刘源等率先在国内开展规则多孔金属的相关研究，设计开发了国内第一台电阻加热的真空熔炼高压定向凝固炉，并成功制备了国内第一批 Mg-H 系共晶定向凝固规则多孔金属试样，研究和探讨了凝固过程和工艺参数对试样内部结构的影响，研究成果引起广泛关注。随后，北京科技大学、西安理工大学等也开展了相关研究。

2004 年，昆明理工大学周荣教授团队与清华大学李言祥教授团队合作，共同在重大基础研究前期研究专项（金属-气体定向共生制备藕状规则多孔金属的基础研究，2004CCA05100，2005—2006）和国家自然科学基金委员会与云南省人民政府共同设立联合基金（NSFC-云南联合基金，u0837603，多孔铜基材料结构控制及其力学和热学性能基础研究，2009—2012）的支持下，设计开发了国内首台感应加热真空熔炼高压定向凝固炉，系统地开展了 Cu-H 系金属-气体共晶定向凝固模型、规则多孔金属制备及结构控制和规则多孔铜的应用等研究。此后，昆明理工大学研究团队在此领域相继获得国家自然科学基金项目 4 项，研究拓展到

Fe-Cr-N、Cu-Cr-H、Mg-H 等复杂合金体系，在金属-气体共晶定向凝固理论基础、工艺参数对规则多孔合金结构的影响、规则多孔合金应用等方面取得了进展。

　　气孔的结构是影响金属-气体共晶定向凝固多孔金属性能的关键。为实现多孔金属气孔结构的有效控制，满足其在不同领域的应用需求，国内外研究者开展了大量的工作。但在现有文献报道中，有关气泡形核和长大的动力学及其对多孔金属气孔结构的影响机制尚存在争议；依据传统共晶凝固理论难以建立较为准确、精简的气孔结构预测和控制模型；合金化对金属-气体共晶定向凝固规则多孔合金的气孔结构影响还不深入；对多气孔结构参数复合作用下金属-气体共晶定向凝固规则多孔金属的力学、热学等行为特征等方面的研究还有待深入；金属-气体共晶定向凝固规则多孔金属的应用领域还亟须进一步拓展。此外，尽管金属-气体共晶定向凝固规则多孔金属的研究已经开展了二十余年，但系统总结这一领域研究成果的专著尚不多见，阻碍了研究者和相关工程技术人员对这一新方法的认识和新型规则多孔金属材料的了解与应用。

　　为进一步推动金属-气体共晶定向凝固技术的发展和金属-气体共晶定向凝固规则多孔金属的研究和应用，笔者编著了本书。本书主要包括以下三个方面的内容。

　　1. 金属-气体共晶定向凝固理论

　　通过对气泡形核和生长机理（金属-氢共晶凝固动力学）的研究，深入探讨工艺参数对规则多孔金属气孔结构的内在影响机制；并在此基础上，从金属-氢共晶相图和热力学基本原理出发，分析金属-氢共晶定向凝固的特征，建立一个相对简易、形象的，描述工艺参数对规则多孔材料气孔直径和气孔间距影响的理论模型，为后续规则多孔材料结构的精细化控制提供理论指导和技术基础。

　　2. 规则多孔金属的制备工艺

　　从规则多孔金属的制备装置开发角度出发，开展多孔合金的制备及其气孔结构影响机制的研究。

　　3. 规则多孔金属的性能

　　从 Gasar 多孔金属潜在应用的角度出发，开展多孔金属的结构控制及其对力学、热学等性能的影响研究。

　　本书系统地总结了金属-气体共晶定向凝固理论、规则多孔铜及其合金的制备、结构控制和应用的最新研究成果。我们相信并希望，本书的出版对于激发广大材料专业学生的学习研究兴趣、为相关领域研究者和工程技术人员提供参考，产生有益作用。

　　本书由昆明理工大学、金属先进凝固成形及装备技术国家地方联合工程实验室长期从事金属-气体共晶定向凝固多孔材料工作的研究人员共同编著而成。周荣教授编写了第 1 章；金青林和黎振华教授参编第 2、3 章；李再久副教授和杨天武、李雨耕博士分别参编第 4、5、6 章；蒋业华教授和宋群玲教授参编第 7、8 章。

　　囿于作者水平，不妥之处恳请读者批评指正。

目　录

第1章 绪 论

1.1 规则多孔金属概述

1.1.1 规则多孔金属的特点

多孔金属或泡沫金属是指由金属固相和分布于其中的气相（孔隙）所组成的一种特殊的复合材料。由于多孔金属具有优异的物理性能，如低密度、高比强度、大比刚度、大比表面积、低热导率、高阻尼特性（减震性能和消声效果优良）等，其作为一种新型的工程材料在航空、航天、汽车、信息、建筑、军事和核能等高技术领域中得到了广泛应用[1-9]。

目前，根据金属或合金处理时物理状态的不同，可将多孔金属的制备方法分为液态法、固态法、气态法和离子态法四种。其中，典型的液态法有气体吹入法、固态发泡剂法、渗流铸造法、熔模铸造法和喷射沉积法等；常见的固态法有金属粉末烧结法、粉末成型法和浆料发泡法等；气态法和离子态法分别有气相沉积法和电沉积法。以上大部分制备工艺适用的制备材料范围广且较易实现大规模制备，但缺点在于气孔率和气孔尺寸等气孔结构参数一般难以调控[9-12]，特别是液态法制备的多孔材料的气孔结构规则性较差（气孔生长方向随机），在外加载荷的作用下，气孔附近的应力集中效应会使多孔金属的强度、塑性、韧度等性能随气孔率的升高而急剧下降，大大限制了多孔金属的应用范围。

1993 年，乌克兰学者 V. I. Shapovalov 在美国申请的专利中提出一种制备规则多孔金属的新方法——金属-气体共晶定向凝固（directional solidification of metal-gas eutectic），其通常被称为"Gasar"（俄文缩写，意为气体增强[13]）。规则多孔金属的制备主要是基于金属-氢气共晶转变 $[L \longrightarrow \alpha(S) + H_2$，如图 1.1 所示] 和气体在金属固液两相中的溶解度差而发展起来的。区别于传统工艺制备的多孔金属，规则多孔金属的最大特点在于其内部气孔的特殊性——内壁光滑且沿凝固方向呈圆柱体状定向分布于金属基体中，使其除具有传统多孔金属的性能特点外，还具有自己特殊的综合性能优势，如很小的应力集中效应、独特的热学和电学特性、高耐摩擦性能等，这使得规则多孔金属在过滤器、自润滑轴承、气体分散器、热交换器、阻尼元件、催化剂载体、电磁电极等诸多领域都有重要的潜在应用价值[1, 14, 15]。

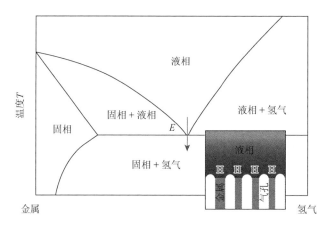

图 1.1* 金属-气体共晶二元相图示意图

E 代表共晶点

Gasar 被认为是制备多孔金属的革命性工艺。该工艺可以通过对熔体过热度、气体压力、凝固方向和凝固速率等工艺参数的控制来达到对气孔结构（气孔率、气孔尺寸、气孔方向等）的有效调控[11, 12, 14, 16-19]。目前有关 Gasar 工艺的研究主要集中在规则多孔金属制备装置的设计及改进[20-24]、金属-气体共晶基础理论[25-32]、Gasar 多孔金属的相关性能研究[33-38]和 Gasar 多孔合金的制备[14, 20, 22-24, 39]四个方面。

1.1.2 规则多孔金属的制备原理

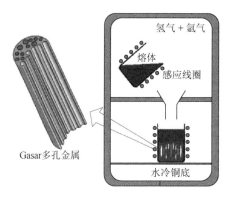

图 1.2 Gasar 多孔金属制备示意图

固-气共晶定向凝固的原理如图 1.2 所示。在高压 H_2 或 H_2 和 Ar 的混合气氛（气压在 $10^5 \sim 10^6$Pa 范围内）中熔化不会形成氢化物的金属或者合金，保温一段时间后，熔体中将溶解大量的 H_2。然后将金属或合金熔体浇入底部带有水冷铜底的铸型中进行单向凝固。在随后的定向凝固过程中，由于 H_2 在固液两相中的溶解度差，凝固界面处过饱和的 H_2 将析出并形成气孔。同时，金属熔体也将凝固成相应的固相。这个过程相当于发生了一个固-气共晶

转变，如图 1.1 所示。如果工艺参数控制得当，使固相和气相的生长同时稳定进行，最后得到的将是圆柱状气孔定向排列（平行于凝固方向）于金属基体中的多孔结构。由于这种气孔结构类似藕根，Gasar 多孔金属也常被称为藕状多孔金属。

通过对工艺参数（如 H_2 和 Ar 分压、过热度等）的调节，可以很容易地实现对多孔金属气孔结构（如气孔率、气孔直径及气孔排列方向）的控制，因此 Gasar 被认为是制备多孔金属的革命性工艺[11, 12]。前期的试验研究[11]表明：Gasar 多孔金属的孔径在数十微米到几毫米、长径比在数十到数百、气孔率在 5%～75%之间。气孔的形貌、大小和空间排列取决于熔体中气体含量、熔体上方的气体压力、熔体的化学成分及凝固速率和凝固方向。值得注意的是，Gasar 工艺中使用的气体并不一定只是 H_2，也可以用 O_2 或 N_2，这主要取决于所使用金属的种类。所使用的金属为 Ni、Cu、Al、Mg 和 Fe 等常用金属。除了这些金属外，这种技术也有希望用于生产钢、Co、Cr、Mo 甚至陶瓷多孔材料。

在 Gasar 工艺中，通过改变凝固过程中的凝固方向和气体压力，可以得到不同结构的 Gasar 多孔金属，如图 1.3 所示。当凝固从试样底部逐渐推进时，得到图 1.3（a）和（a'）所示的一维藕状多孔结构；当凝固从试样四周同时向中心或从中心同时向四周推进时，得到图 1.3（b）和（b'）所示的二维放射状多孔结构；当试样凝固方向无明显取向时，得到图 1.3（c）和（c'）所示的三维球孔无定向多孔结构。

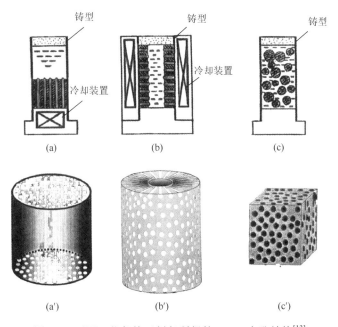

图 1.3　不同工艺条件下制备所得的 Gasar 多孔结构[13]

1.1.3　制备装置

与传统方法（如沉积、烧结及发泡等）制备的多孔金属相比，具有一维藕状多孔结构的 Gasar 多孔金属由于其内部气孔呈圆柱形且沿凝固方向定向排列于金属基体中，使其除具有传统多孔金属小密度、高刚度、大比表面积、减震、隔热等性能特点外，还具有更多特殊的综合性能优势，如很小的应力集中效应、独特的热学和电学特性、高耐摩擦性能等[11, 12, 14, 35]，这使得目前 Gasar 研究主要集中在具有一维藕状多孔结构的多孔金属上。

一维藕状结构主要是通过定向凝固工艺来获得的，而根据定向凝固实现方式的不同，可以分为简单模铸法、连续区域熔炼法和连续铸造法等。

1. 简单模铸法

简单模铸法（mould casting technology）是指在侧壁保温、底部与水冷铜底相接触的铸型中实现定向凝固的传统铸型式铸造方法。其装置根据浇铸方式分为倾包式、翻包式和漏包式三种，如图 1.4 所示。

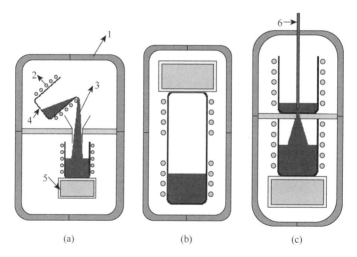

图 1.4　简单模铸法定向凝固装置

（a）倾包式；（b）翻包式；（c）漏包式
1. 炉体；2. 加热线圈；3. 熔融金属；4. 熔炼坩埚；5. 水冷铜底；6. 石墨棒

简单模铸法倾包式定向凝固装置如图 1.4（a）所示。浇铸时将熔炼坩埚倾斜旋转 90°，坩埚内熔体将通过漏斗浇入正下方有水冷铜底、侧壁保温的铸型进行定向凝固。从现有的研究来看，倾包式定向凝固装置已被用于 Gasar 多孔铜[33]、多孔硅[40,41]、多孔镍[42]、多孔铁[43-47]、多孔银[48]等材料的制备。

简单模铸法翻包式定向凝固装置如图 1.4（b）所示。装置主要特点是其熔炼坩埚开口与铸型开口相对，熔化时坩埚在下方，铸型倒吊在正上方，浇铸时将坩埚绕水平轴翻转 180°，使铸型在下，而坩埚在正上方，这样，坩埚内的金属熔体进入侧壁保温的水冷铜底铸型进行定向凝固。

简单模铸法漏包式定向凝固装置如图 1.4（c）所示。与倾包式不同，漏包式装置的熔炼坩埚底部有一通孔，在浇铸前用一石墨棒塞住圆孔，浇铸时，通过提拉石墨棒使熔体进入下方的水冷铜底铸型进行定向凝固。漏包式定向凝固装置已由 H. Nakajima 申请了相关的专利，并被用于 Gasar 多孔铜[12]、多孔镁[11]、多孔铜锰合金[14,39]等材料的制备。

简单模铸法采用水冷铜底铸型实现单向凝固，其优点在于装置相对简单，试验操作易行，热量很容易从熔体经凝固试样向水冷铜底传递；其缺点在于很难对凝固过程中的参数特别是凝固速率进行严格控制，因此随着凝固的进行，凝固速率变缓，将导致孔径逐渐变粗[49,50]。此外，由于 Gasar 工艺中的凝固速率主要取决于材料本身的热导率，因此对热导率较小的材料而言，较低的固/液界面推进速率下将很难捕获足够多的气泡而难以形成 Gasar 规则多孔结构；即用简单模铸法很难制备出热导率较低的、有均匀气孔分布和较高气孔率的 Gasar 多孔金属，如图 1.5 所示。

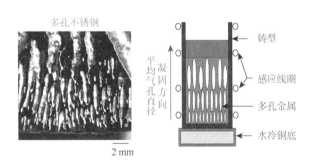

图 1.5　凝固速率对简单模铸法 Gasar 多孔不锈钢[20]气孔尺寸的影响

2. 连续区域熔炼法

为了解决低热导率材料的制备问题，H. Nakajima 开发了一种制备 Gasar 多孔材料的新方法——连续区域熔炼技术（continuous zone melting technology），其装置如图 1.6 所示。在一个耐高压的炉体内，一根圆柱形的金属棒竖直置于高频感应加热线圈中，其两端被上方和下方的夹头夹持，通过电机可使其沿垂直方向移动。熔炼时，位于感应线圈中的部分金属棒被熔化并靠表面张力维持，此时装置内环境气氛中的可溶性气体（如 N_2）溶解进入金属熔体中并达到饱和溶解度。熔体在被拉出线圈后开始凝固，根据 Gasar 原理，被固相排出的气体原子在固/液界面富集并变得过饱和，当界面处溶质气体的浓度达到气泡的临界形核浓度时，气泡开始形核并随界面长大成为沿凝固方向扩散的气孔，最终形成 Gasar 一维藕状多孔结构。在连续区域熔炼装置中，为提高试样的凝固速率，可在感应线圈下方放置多个呈放射状分布的不锈钢喷嘴，向试样喷洒冷却介质以增强冷却效果。

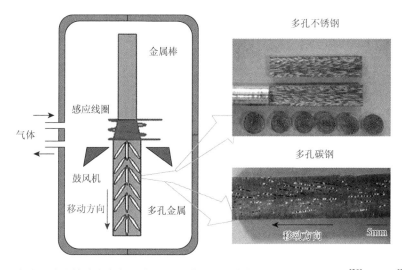

图 1.6 连续区域熔炼法定向凝固装置及由其制备所得的 Gasar 多孔不锈钢[20]及碳钢[22]试样

连续区域熔炼法的优点是可以通过改变棒状试样的下降速率来控制凝固速率，从而忽略了材料本身的热传导系数对凝固速率的影响，进而为制备热导率低、气孔尺寸和气孔率整体分布均匀的 Gasar 多孔金属奠定了技术基础。目前连续区域熔炼法制备的试样仅见于日本大阪大学 H. Nakajima 教授课题组。从现有的报道来看，利用连续区域熔炼法定向凝固装置已制备出了 Gasar 多孔不锈钢[20,50-53]、多孔碳钢[22,24,54]、多孔铁[55]、多孔 Ni_3Al[56,57]、多孔 NiTi 形状记忆合金[58]、多孔 Al_2O_3[59]等材料，部分试样形貌如图 1.6 所示。

相较于简单模铸法，连续区域熔炼法最大的优势在于实现了对凝固速率的控制。但由于其装置采用侧面强制冷却以实现试样的单向凝固，导致靠近试样表面的气孔总是偏离中心轴而斜向里向上生长，如图 1.6 所示。此外，由于必须依靠表面张力的约束才能使感应线圈内部的熔体维持原有棒状，因此，连续区域熔炼法定向凝固装置仅能制备较小直径范围（＜13mm）的 Gasar 多孔棒材。以上两个原因在一定程度上限制了连续区域熔炼法在 Gasar 研究中的发展。

3. 连续铸造法

在能控制凝固速率的前提下，为解决具有工业应用潜力的大尺寸 Gasar 多孔金属的制备问题，H. Nakajima 教授课题组将连续铸造技术（continuous casting technology）引入了 Gasar 多孔金属的制备中，其装置如图 1.7 所示。在一个密封良好且耐高压的炉体内有一个容积较大的坩埚，坩埚下部有一通孔，熔炼前有一引锭杆塞住通孔以防熔体流出。在设定的气体压力下通过感应线圈熔化坩埚内金属，待达到设定过热度和保温时间后，开启下拉系统——通过滚轮带动引锭杆下移，这样金属液流出并在结晶器内凝固。根据 Gasar 原理，被金属固相排出的气体将在凝固界面上富集、形核和长大，最终拉制出 Gasar 多孔连铸试样。需要说明的是，坩埚底部孔的尺寸和结晶器内壁尺寸及引锭杆的横截面必须一致才能保证连续铸造的顺利进行。

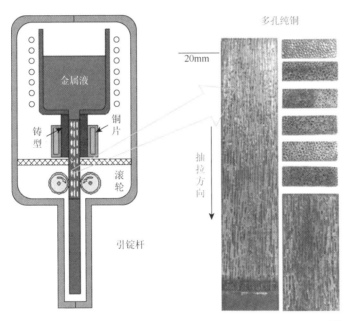

图 1.7 连续铸造法定向凝固装置及由其制备所得的 Gasar 多孔纯铜[21]试样

与连续区域熔炼法相同，连续铸造法可通过控制引锭杆的抽拉速率来实现对凝固速率的控制。此外，从理论上讲，用连续铸造法制备的多孔金属的长度可不受限制，且还可通过改变结晶器的形状来制备不同形状（如棒状、板状）的多孔连铸试样。这样一来就可实现 Gasar 多孔金属的大规模制备，为其工业上的大规模应用奠定了坚实的基础。鉴于其重要意义，连续铸造技术被认为是 Gasar 研究领域尤其是制备工艺研究中最为重要的进步。从现有的报道来看，H. Nakajima 教授课题组借助连续铸造法定向凝固装置成功地制备出了 Gasar 多孔铜[21]、多孔铝硅合金[23]，以及多孔铝铜合金[60]试样。

1.2 规则多孔金属的研究现状

1.2.1 金属-气体二元相图

由于纯金属凝固时的固/液界面基本保持为平界面，从而更易获得一维藕状多孔结构，因此目前国内外的 Gasar 研究工作很大部分集中在纯金属基体上。金属-气体二元相图是研究金属-气体共晶转变的基础，可以更清晰地反映气体在金属液固两相中的溶解度变化趋势。对金属-气体二元相图进行研究，有助于了解金属-气体共晶转变和组织变化的规律，对改进金属-气体共晶定向凝固工艺具有很好的指导作用，同时也是对有关气体合金系统相图的有益补充。

张华伟等[12, 61, 62]用热力学模型计算了 Cu-H 二元相图（图 1.8），发现金属-氢二元相图非常不对称，金属-氢的共晶点靠近金属端而远离富氢端，这种不对称的二元相图决定了金属-氢的共生区将偏向气相一侧，而且合金元素含量对金属-氢二元相图的共晶点位置影响较大。以 Cu-H 二元相图为例，用计算方法研究了外界压力对金属-氢二元相图的影响（图 1.9），发现在不超过 1MPa 的气压范围内，共晶温度比纯金属熔点降低了不到 2K，随着气压的增大，共晶点向金属-氢二元相图的右方（富氢端）和下方（低温区）移动，通过控制熔体上方的气体压力，可以改变金属-氢二元相图的共晶点位置。

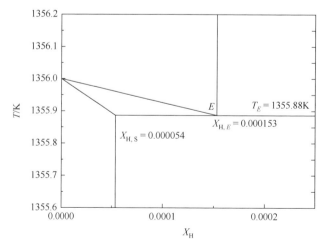

图 1.8 Cu-H 相图的富 Cu 端[61]

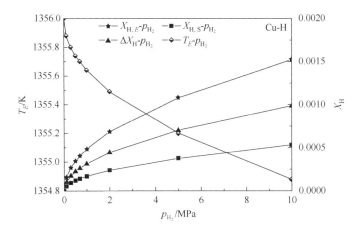

图 1.9 在 Cu-H 系统中 H_2 压力变化引起共晶点 T_E、共晶成分 $X_{H, E}$、共晶界面处固相中 H 含量 $X_{H, S}$ 和溶解度差 ΔX_H（ $= X_{H, E} - X_{H, S}$ ）变化的关系曲线[61]

1.2.2 金属-气体共晶生长理论

无论是从转变形式还是从最终的凝固结构来看，Gasar 凝固与传统的固-固共晶或固-液偏晶都具有极大的相似性。清华大学刘源等[11, 12]借助用来描述无对流条件下所得共晶结构中第二相棒（层）间距与凝固速率的杰克逊-亨特（Jackson-Hunt）关系式，从理论上建立了金属-气体共晶一维定向凝固模型，以及 Gasar 凝固中气孔结构参数（包括气孔率、气孔直径及气孔间距）和工艺参数（包括凝固速率、气体压力及熔体保温温度）间的理论关系，为 Gasar 多孔金属的气孔结构预测提供了理论指导。

参考 Jackson-Hunt 棒状共晶理论模型，在 Gasar 稳态凝固阶段，刘源等[63]建立了如图 1.10 所示的金属-气体（H_2）共晶一维定向凝固模型，并对柱坐标下熔体中的稳态扩散方程 [式（1.1）] 进行求解 [式（1.2）为式（1.1）的解析解]，联立式（1.3），最终得到固/液界面前沿的 H 平均溶质浓度 $\bar{c}_{H,L}^{*}$ [式（1.4）]：

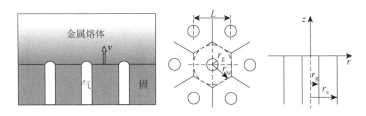

图 1.10 金属-气体共晶定向凝固示意图及求解浓度场的相应坐标系[63]

$$\frac{\partial^2 c_H}{\partial r^2} + \frac{1}{r}\frac{\partial c_H}{\partial r} + \frac{\partial^2 c_H}{\partial z^2} + \frac{v}{D_H}\frac{\partial c_H}{\partial z} = 0 \tag{1.1}$$

式中，c_H 为 H 在熔体中的摩尔浓度，mol/m^3；D_H 为 H 在熔体中的扩散系数，m^2/s；v 为凝固速率，m/s。

$$\begin{cases} c_H = \overline{c}_{H,L} + \sum_{n=0}^{\infty} B_n e^{-\omega_n z} g \cdot J_0\left(\frac{\lambda_n}{r_s}r\right) \\[2mm] \omega_n = \frac{v}{2D_H} + \sqrt{\left(\frac{v}{2D_H}\right)^2 + \left(\frac{\lambda_n}{r_s}\right)^2} \\[2mm] B_0 = (1-k_0)(1-\varepsilon)\overline{c}_{H,L}^* - \frac{p}{RT_m}\varepsilon \qquad\qquad n=0 \\[2mm] B_n = -\frac{2\sqrt{\varepsilon}J_1(\sqrt{\varepsilon}\lambda_n)}{J_0^2(\lambda_n)\lambda_n\omega_n}\frac{v}{D_H}\left[\frac{p}{RT_m} + (1-k_0)\overline{c}_{H,L}^*\right] \quad n>0 \end{cases} \tag{1.2}$$

式中，T_m 为纯金属的熔点，K；ε 为试样的气孔率；p 为气泡内的气体压力，近似等于熔体上方的气体总压，Pa；R 为摩尔气体常数，$J/(mol\cdot K)$；$\overline{c}_{H,L}$ 为 H 在液相中的平均摩尔浓度，mol/m^3，其可表示为西韦特定律（Sievert's Law）的形式：

$$\overline{c}_{H,L} = (1-a)\xi(T_L)\sqrt{p_{H_2}} \tag{1.3}$$

式中，a 为 H 的逸出系数，取值 $0\sim1$，表示从熔体中逸出的 H 占熔体中初始溶解 H 的比例。联立式（1.1）～式（1.3），可以求得固/液界面前沿的 H 平均溶质浓度 $\overline{c}_{H,L}^*$：

$$\overline{c}_{H,L}^* = \frac{\overline{c}_{H,L} - \dfrac{p}{RT_m}\varepsilon\left[1 - \dfrac{v}{D_H}\sum_{n=1}^{\infty}\dfrac{4J_1^2(\sqrt{\varepsilon}\lambda_n)}{(1-\varepsilon)\lambda_n^2\omega_n J_0^2(\lambda_n)}\right]}{1 - (1-k_0)(1-\varepsilon) - (1-k_0)\varepsilon\dfrac{v}{D_L}\sum_{n=1}^{\infty}\dfrac{4J_1^2(\sqrt{\varepsilon}\lambda_n)}{(1-\varepsilon)\lambda_n^2\omega_n J_0^2(\lambda_n)}} \tag{1.4}$$

式中，k_0 为 H 在固液两相中的溶质平衡分配系数。

根据气孔率的定义和理想气体状态方程，试样气孔率 ε 的计算公式为

$$\varepsilon = \frac{(\overline{c}_{H,L}\rho_S - \overline{c}_{H,S}\rho_L)RT_m}{(\overline{c}_{H,L}\rho_S - \overline{c}_{H,S}\rho_L)RT_m + \rho_L p} \tag{1.5}$$

式中，$\overline{c}_{H,S}$ 为 H 在金属固相中的平均摩尔浓度，mol/m^3。刘源等认为，由于 H 在固相中的扩散系数较低，在凝固过程中难以建立起固相中溶解的 H 与气泡中 H 的动力学平衡，因此在稳态凝固阶段，固相中的 H 平均浓度 $\overline{c}_{H,S}$ 近似等于凝固界面上固相中的 H 浓度 $\overline{c}_{H,S}^*$：

$$\overline{c}_{H,S} \approx \overline{c}_{H,S}^* = k_0\overline{c}_{H,L}^*\frac{\rho_S}{\rho_L} \tag{1.6}$$

将式（1.3）～式（1.6）联立，可以求得气孔率 ε。

对金属相运用最小过冷度准则，可以得到与传统共晶类似的凝固速率 v 与孔间距 L 的关系：

$$v \cdot L^2 = A \tag{1.7}$$

式中，A 为与金属本身性质、熔体温度和气压有关的函数。在理想情况下，气孔孔径 D 与孔间距 L 之间满足：

$$D \approx \frac{L\sqrt{\varepsilon}}{0.95} \tag{1.8}$$

利用式（1.5）~式（1.8），可以计算不同工艺参数（H_2 压力和抽拉速率）条件下的多孔 Cu 气孔直径、气孔间距和气孔率，并将该计算结果与 H. Nakajima 的 Gasar 多孔 Cu 连续铸造试验数据进行验证性比较（图 1.11）。结果表明，随下拉速

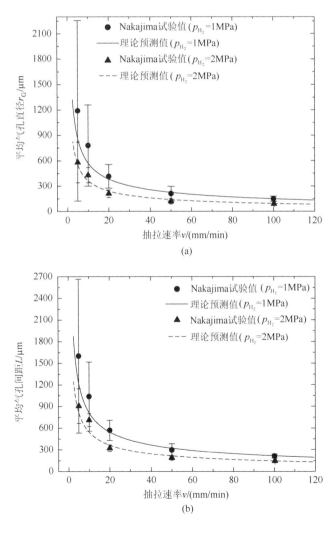

(a)

(b)

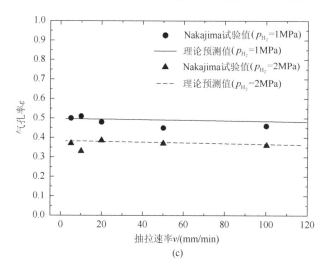

图 1.11　不同抽拉速率下理论预测 Gasar 多孔 Cu 的气孔直径（a）、气孔间距（b）及气孔率（c）与 H. Nakajima[21]的试验结果比较[63]

率的不断升高，气孔直径及气孔间距逐渐减小，而气孔率虽有降低，但在整个试验的抽拉速率范围内，其数值变化不大；此外，由于抽拉速率较小时所得的气孔结构与图 1.10 所示的理想结构偏差较大，因此模型计算结果与试验数据有一定差异。

1.2.3　规则多孔金属的力学性能研究

在载荷作用下，对于传统多孔金属（如烧结型和发泡型）而言，其内部气孔不规则的结构和不光滑的内壁，将导致气孔附近基体产生严重的应力集中效应，从而导致传统多孔金属的力学性能指标随气孔率的增加而急剧下降。研究[3, 5, 64-70]表明，当传统多孔金属的气孔率达到30%时，其强度已降到相应致密材料的0.15倍左右。而与传统多孔金属不同，Gasar 多孔金属由于内部气孔呈光滑的圆柱形，且沿凝固方向规则排布于金属基体，这导致当沿气孔生长方向加载时，气孔周围基体无明显的应力集中效应，从而大大增加了 Gasar 多孔金属作为结构材料的应用潜力。已有研究[71-73]证明，对于 Gasar 多孔 Cu，当其气孔率不高于20%且气孔尺寸较均匀时，其屈服强度和抗拉强度均高于相应致密材料的强度，这也就是 Gasar 工艺取名的缘由。Gasar 实际上是"gas reinforced"（气体增强）的俄文字头[11-13]。目前，Gasar 多孔金属力学性能的研究主要是基于多孔 Cu、多孔 Mg、多孔 Fe、多孔 Ni、多孔不锈钢和多孔碳钢的拉伸[33, 67, 74-76]、压缩[73, 77-80]与弯曲[81]性能测试及相应的理论分析。

对于 Gasar 多孔金属的拉伸性能，其研究最早见于乌克兰 V. I. Shapovalov 教授和美国海军研究实验室（Naval Research Laboratory，NRL），随后美国麻省理工学院 A. E. Simone 和 L. J. Gibson 与日本大阪大学 H. Nakajima 教授课题组也陆续开展了相关的试验和理论研究工作。国内的相关报道多见于北京科技大学谢建新教授课题组和昆明理工大学周荣教授课题组。对于沿气孔生长方向的拉伸行为，对多孔 Cu 研究的结果表明，随气孔率的增加，其屈服强度和抗拉强度均呈线性下降，如图 1.12 所示。这意味着，Gasar 多孔金属中的气孔在材料的变形过程中不会造成明显的应力集中效应，其拉伸性能满足复合材料的混合定律，即

$$\sigma = \sigma_0(1 - \varepsilon) \tag{1.9}$$

式中，σ 和 σ_0 分别为多孔金属及对应致密材料的强度。

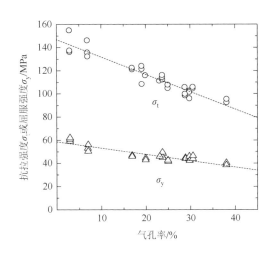

图 1.12 Gasar 多孔 Cu 平行于气孔轴向拉伸时的屈服强度和抗拉强度[33]

对于垂直于气孔轴向的拉伸，Gasar 多孔 Cu 的抗拉强度明显要低于平行拉伸时的抗拉强度，且其随气孔率的降低呈较快下降的趋势，如图 1.13 所示。根据应力集中模型，其值和气孔率满足以下关系：

$$\sigma = \sigma_0(1 - \varepsilon)^3 \tag{1.10}$$

对于 Gasar 多孔金属的压缩性能，美国麻省理工学院 A. E. Simone 和 L. J. Gibson 与日本大阪大学 H. Nakajima 教授课题组陆续开展了相关试验和气孔变形机理的研究工作[20, 55]。国内的相关报道也多见于北京科技大学谢建新教授课题组和昆明理工大学周荣教授课题组。对于压缩时的屈服强度，当沿气孔轴向压缩时，多孔 Cu 的屈服强度随气孔率的增大而线性下降，该规律与沿气孔轴向拉伸时的屈服强度变化规律一致；当垂直于气孔轴向压缩时，多孔 Cu 的屈服强度随气孔率的增加而减小，如图 1.14 所示。对气孔压缩时的变形机制研究表明，Gasar 多孔金属的整个压缩变形过程主要分为弹性变形、气孔塑性屈曲、气孔密实化和密实后的塑性变形四个阶段。而不同的压缩加载方向将导致气孔不同的变形行为：

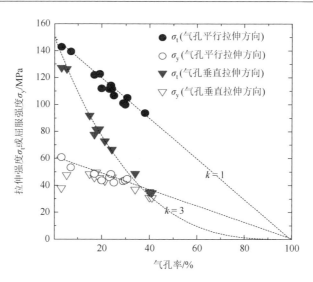

图 1.13　Gasar 多孔 Cu 拉伸时的屈服强度和抗拉强度[33]

当沿气孔轴向压缩时，气孔的塑性屈曲是因气孔壁先呈波形弯曲，然后产生折叠变形和塌陷。而当垂直于气孔轴向压缩时，气孔的塑性屈曲是先形成若干个变形带，然后在变形带的内孔壁处发生压扁和塌陷的塑性变形。

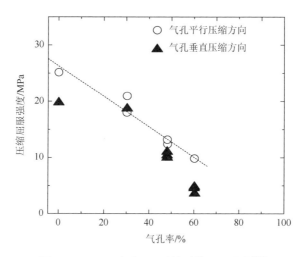

图 1.14　Gasar 多孔 Cu 压缩时的屈服强度[77]

1.2.4　规则多孔金属的合金化研究

利用金属-气体共晶定向凝固法制备 Gasar 多孔纯金属时，由气体成分引起的成分过冷度非常小[12]，此时的固/液界面可视为平界面（这已被 K. Murakami 和 H. Nakajima[82]的 H$_2$O-CO$_2$ 定向凝固试验所证实），这种平界面的保持对气孔随界面一起推进的阻力作用较小，从而更易获得气孔结构规则且分布均匀的一维藕状多孔结构。然而由于多孔纯金属较差的力学性能和耐热性能，限制了其在工程上应用的潜力，因此合金化作为改善 Gasar 多孔金属综合性能的有效方式受到了研究者越来越多的关注。然而合金本身具有一定的固/液温度区间，导致其在定向凝固时的固/液界面很难保持为平界面，这种凝固行为的改变将对多孔金属气孔结构的规则性产生重大影响。

对于气泡在合金熔体中的形核位置和长大方式，学者们做了大量的研究工作[83-89]，并取得了一些大有裨益的研究成果，在这些研究的基础上，H. Nakajima 等[20, 90-92]制备了 Gasar 多孔镁合金、铝硅合金和钢等合金试样，并研究了合金元素对气孔形貌的影响。研究结果表明，在靠近水冷铜底的合金试样底部，(1/3) AZ91D 和 AZ31B 合金试样中都存在被拉长的气孔，而 AZ91D 合金试样中的气孔均为球形，没有被拉长的气孔分布（图 1.15）。进一步的研究结果发现，随合金元素含量的增加，合金固/液温度区间增大，导致固/液界面前沿糊状区（mushy zone）扩大。糊状区扩大将导致界面上气泡上方的固相增多，阻碍了气泡的定向生长，从而导致大量球形气泡的出现（图 1.16）。

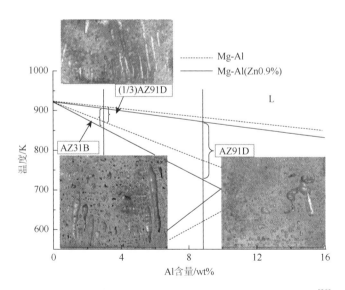

图 1.15　糊状区宽度对 Gasar 多孔 Mg 合金气孔形貌的影响[20]

wt%表示质量分数

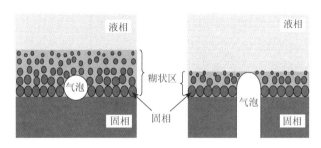

图 1.16　糊状区宽度对 Gasar 多孔 Mg 合金气孔生长的影响机制[20]

　　为了减弱糊状区对 Gasar 气孔定向生长的影响，国内清华大学蒋光锐等[14,39]根据二元合金平衡相图[93]，利用简单模铸法定向凝固设备制备了 Gasar 多孔 Cu-34.6t%Mn 合金试样（图 1.17），并研究了不同的固/液界面凝固模式（solidification model）对多孔合金气孔结构和形貌的影响机制。

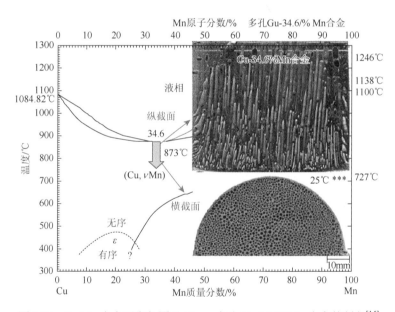

图 1.17　Cu-Mn 合金平衡相图及 Gasar 多孔 Cu-34.6%Mn 合金的制备[14]

　　试验结果表明，随多孔合金试样凝固高度的增加，定向生长的气孔逐渐减少，生长方向逐渐不规则，且在试样顶端的凝固末期很难得到定向生长的气孔。在对比基体组织和对应的气孔结构后发现，随试样高度的增加，凝固速率变缓导致的固/液界面凝固模式的改变是影响气孔结构的主要原因。当固/液界面以等轴枝晶模式凝固时，界面前沿热流方向不单一导致合金固相朝不同的方向生长，显然此时界面对气孔定向生长的阻碍较大，因此难以得到定向生长的气孔；而在胞状和柱状枝晶凝固方式下，当一次枝（胞）晶间距为气孔直径的 1/10 左右时，此时的胞状和柱状枝晶凝固界面仍可看为平界面，其对气泡定向生长的影响较小，仍可得到较为规则的气孔结构（图 1.18）。

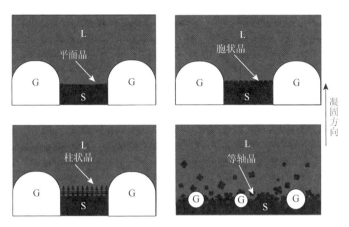

图 1.18　不同凝固模式下的气孔生长示意图[39]

L：液相；G：气相；S：固相

如上所述，从 1993 年 V. I. Shapovalov 的美国专利受到世界关注开始，美国麻省理工学院的 A. E. Simone、日本大阪大学的 H. Nakajima 教授课题组、中国清华大学的李言祥教授课题组、保加利亚的 L. Drenchev 和中国昆明理工大学的周荣教授课题组等陆续开展了 Gasar 的试验和基础理论研究工作。经过近 20 年的不懈努力，研究者在 Gasar 装置的开发及改进、金属-气体共晶基础理论、Gasar 多孔金属的性能研究和应用及 Gasar 多孔合金的制备等方面都取得了巨大的技术或理论突破。这些研究的本质或最终目标，都在于实现对 Gasar 多孔金属气孔结构的精确控制，为将来 Gasar 多孔金属的大规模应用奠定理论或技术基础。尽管前期的研究者对 Gasar 多孔金属的气孔结构特征及其对性能的影响有了比较深入的理解，但在以下几个方面仍然存在不足。

（1）影响 Gasar 多孔金属气孔结构的凝固参数（气体压力、凝固速率、熔体过热度等）很多，且各参数间相互影响，关系复杂，虽然前期的研究已建立起一整套不同凝固参数下的气孔结构理论预测模型，并从试验预测的角度对模型进行了验证，但在不同凝固参数对气孔结构的影响机制方面还不甚清楚，难以实现对气孔结构的精准控制。

（2）从制备工艺发展趋势来看，连续铸造法是 Gasar 多孔金属制备工艺发展的趋势，不仅可降低制备成本，还可实现对具有工业应用前景的大尺寸多孔金属的制备。最重要的是其不仅可控制金属凝固时的界面推进速率，从而可达到对

Gasar 多孔金属气孔结构的有效控制，还可弱化合金化对 Gasar 多孔金属气孔结构的影响。目前用连续铸造法制备规则多孔合金仅限于共晶系的少数几个合金，对凝固行为相对简单的匀晶系单相合金的研究尚未见报道。

（3）相对于纯金属，合金具有更好的机械性能和耐热性能，因此合金化是目前 Gasar 研究的前沿和新兴方向之一。从目前少量有关 Gasar 多孔合金的报道来看，其气孔结构受合金复杂凝固行为的影响一般不规则，而合金凝固行为对气孔结构的影响机制也众说纷纭。

（4）Gasar 多孔金属的性能是其应用的关键和基础。目前关于 Gasar 多孔金属力学性能的前期研究主要是基于部分气孔率试样平行（或垂直）于气孔生长方向的拉伸（或压缩）性能测试，对在整个气孔率范围内和多角度载荷下的力学性能特征及其影响机制并无深入研究。

参 考 文 献

[1]　刘培生. 多孔材料引论[M]. 北京：清华大学出版社，2004.

[2]　陈祥，李言祥. 金属泡沫材料研究进展[J]. 材料导报，2003，17（5）：5-11.

[3]　Banhart J. Manufacture，characterization and application of cellular metals and metal foams[J]. Progress in Materials Science，2001，46：559-632.

[4]　刘培生，李铁藩，傅超. 多孔金属材料的应用[J]. 功能材料，2001，32（1）：12-15.

[5]　李言祥，刘源. 金属/气体共晶定向凝固规则多孔金属的研究进展[J]. 材料导报，2003，17（4）：1-4.

[6]　Degischer H P，Kriszt B. Handbook of Cellular Metals：Production，Processing，Application [M]. Weinheim：Wiley-VCH Verlag GmbH，2002.

[7]　王肇经. 铸造铝合金中的气体和非金属夹杂物[M]. 北京：兵器工业出版社，1988.

[8]　陈永. 多孔材料制备与表征[M]. 合肥：中国科学技术大学出版社，2010.

[9]　Gibson L J，Ashby M F. Cellular Solids：Structure and Properties[M]. Cambridge：Cambridge University Press，1997.

[10]　许庆彦，熊守美. 多孔金属的制备工艺方法综述[J]. 铸造，2005，54（9）：840-843.

[11]　刘源. 金属-气体共晶定向凝固制备藕状多孔金属基础研究[D]. 北京：清华大学，2003.

[12]　张华伟. 金属-气体共晶定向凝固的理论与实验研究[D]. 北京：清华大学，2006.

[13]　Shapovalov V I. Method for manufacturing porous articles [P]. 5181549. 1993-01-26.

[14]　蒋光锐. 氢在合金熔体中的溶解度与定向凝固多孔铜锰合金的研究[D]. 北京：清华大学，2010.

[15]　谢建新，刘新华，刘雪峰，等. 藕状多孔纯铜棒的制备与表征[J]. 中国有色金属学报，2005,15(11)：1869-1873.

[16]　Shapovalov V I. Porous metals[J]. MRS Bulletin，1994，（4）：24-29.

[17]　Shapovalov V I，Fink V Y. Features of casting formation during crystallization of gas-saturated melts[J]. Liteinoe Proizvodstvo，1993，（10）：5-6.

[18]　Shapovalov V I. Structure formation behavior of alloys during gas-eutectic transformation and prospects of the use of hydrogen in alloys//Lavernia E J，Gungor M N. Micro-structural Design by Solidification Processing[M]. Warrendale，PA，USA：The Minerals，Metals and Materials Society，1992.

[19]　Shapovalov V I. Formation of ordered gas-solid structures via solidification in metal-hydrogen system[J].

Materials Research Society Symposium Proceeding，1997，512：281-290.

[20] Nakajima H. Fabrication，properties and application of porous metals with directional pores[J]. Progress in Materials Science，2007，52：1091-1173.

[21] Park J S，Hyun S K，Suzuki S，et al. Effect of transference velocity and hydrogen pressure on porosity and pore morphology of lotus-type porous copper fabricated by a continuous casting technique[J]. Acta Materialia，2007，55：5646-5654.

[22] Kashihara M，Yonetani H，Kobi T，et al. Fabrication of lotus-type porous carbon steel via continuous zone melting and its mechanical properties[J]. Materials Science and Engineering A，2009，524：112-118.

[23] Park J S，Hyun S K，Suzuki S，et al. Fabrication of lotus-type porous Al-Si alloys using the continuous casting technique[J]. Metallurgical and Materials Transactions A，2009，40：406-414.

[24] Kujime T，Hyun S K，Nakajima H. Fabrication of lotus-type porous carbon steel by the continuous zone melting method and its mechanical properties[J]. Metallurgical and Materials Transactions A，2006，37：393-398.

[25] 刘源，李言祥，张华伟. 藕状多孔结构形成的压力条件和气孔尺寸的演变规律[J]. 金属学报，2005，41（8）：886-890.

[26] 刘源，李言祥，张华伟. 金属/气体共晶定向凝固工艺参数对藕状多孔金属结构的影响[J]. 稀有金属材料与工程，2005，34（7）：1128-1130.

[27] Liu Y，Li Y X，Wan J. Evaluation of porosity in lotus-type porous magnesium fabricated by metal/gas eutectic unidirectional solidification[J]. Materials Science and Engineering A，2005，402：47-54.

[28] Liu Y，Li Y X. A theoretical study of gasarite eutectic growth[J]. Scripta Metallurgica，2003，49（5）：379-386.

[29] Drenchev L，Sobczak J，Malinov S，et al. Discussion of "a theoretical study of gasarite eutectic growth"[J]. Scripta Metallurgica，2005，52：799-801.

[30] Liu Y，Li Y X. Reply to "Comments on a theoretical study of gasarite eutectic growth"[J]. Scripta Metallurgica，2005，52：803-807.

[31] 张华伟，李言祥，刘源. 固-气共晶定向凝固中的工艺判据[J]. 金属学报，2007，43（6）：589-594.

[32] Drenchev L，Sobczak J，Sobczak N，et al. A comprehensive model of ordered porosity formation[J]. Acta Materialia，2007，55：6459-6471.

[33] Hyun S K，Murakami K，Nakajima H. Anisotropic mechanical properties of porous copper fabricated by unidirectional solidification[J]. Materials Science and Engineering A，2001，299（1-2）：241-248.

[34] Hyun S K，Nakajima H. Anisotropic compressive properties of porous copper produced by unidirectional solidification[J]. Materials Science and Engineering A，2003，340：258-264.

[35] 申芳华，李再久，杨天武，等. 规则多孔铜基自润滑材料的干摩擦磨损性能[J]. 摩擦学学报，2012，3（2）：150-156.

[36] 陈刘涛. 定向凝固多孔铜微通道热沉传热性能的研究[D]. 北京：清华大学，2012.

[37] 陈刘涛，张华伟，刘源，等. 定向凝固多孔 Cu 热沉传热性能的实验研究[J]. 金属学报，2012，48（3）：329-333.

[38] Zhang H W，Chen L T，Liu Y，et al. Experimental study on heat transfer performance of lotus-type porous copper heat sink[J]. International Journal of Heat and Mass Transfer，2013，56：172-180.

[39] Jiang G R，Liu Y，Li Y X. Influence of solidification mode on pore structure of directionally solidified porous Cu-Mn alloy[J]. Transactions of Nonferrous Metals Society of China，2011，21：88-95.

[40] Nakahata T，Nakajima H. Fabrication of lotus-type porous silicon by unidirectional solidification in hydrogen[J]. Materials Science and Engineering A，2004，384（1-2）：373-376.

[41] Nakajima H. Fabrication of lotus-type porous metals，intermetallic compounds and semiconductors[J]. Materials

Science Forum，2005，502：367-372.

[42]　Onishi H，Hyun S K，Nakajima H. Effect of hydrogen pressure on moisture-based fabrication of lotus-type porous nickel[J]. Materials Transactions，2006：2120-2124.

[43]　Hyun S K，Nakajima H. Fabrication of porous iron by unidirectional solidification in nitrogen atmosphere[J]. Materials Transactions，2002，43（3）：526-531.

[44]　Hyun S K，Nakajima H. Fabrication of lotus-structured porous iron by unidirectional solidification under nitrogen gas[J]. Advanced Engineering Materials，2002，4（10）：741-744.

[45]　Hyun S K，Ikeda T，Nakajima H. Fabrication of lotus-type porous iron and its mechanical properties[J]. Science and Technology of Advanced Materials，2004，5（1-2）：201-205.

[46]　Hyun S K，Nakajima H，Ikeda T. Fabrication of lotus-type porous iron and steel and the mechanical properties[J]. Proceedings of 8th Japan International SAMPE Symposium，2003，2：753-756.

[47]　Nakajima H，Ikeda T，Hyun S K. Fabrication of lotus-type porous metals and their physical properties[J]. Advanced Engineering Materials，2004，6（6）：377-384.

[48]　Nakahata T，Nakajima H. Fabrication of lotus-type porous silver with directional pores by unidirectional solidification in oxygen atmosphere[J]. Materials Transactions，2005，46（3）：587-592.

[49]　Hyun S K，Nakajima H. Effect of solidification velocity on pore morphology of lotus-type porous copper fabricated by unidirectional solidification[J]. Materials Letters，2003，57：3149-3154.

[50]　Ikeda T，Aoki T，Nakajima H. Fabrication of lotus-type porous stainless steel by continuous zone melting technique and mechanical properties[J]. Metallurgical and Materials Transactions A，2005，36：77-86.

[51]　Hyun S K，Park J S，Tane M，et al. Fabrication of lotus-type porous metals by continuous zone melting and continuous casting techniques[J]. Proceedings of MetFoam，2005，（53）：211-214.

[52]　Nakajima H，Ikeda T，Hyun S K. Fabrication of lotus-type porous metals and their physical properties[J]. Advanced Engineering Materials，2004，6（6）：377-384.

[53]　Ide T，Tane M，Ikeda T，et al. Compressive properties of lotus-type porous stainless steel[J]. Journal of Materials Research，2006，21（1）：185-193.

[54]　Kashihara M，Hyun S K，Yonetani H，et al. Fabrication of lotus-type porous steel by unidirectional solidification in nitrogen atmosphere[J]. Scripta Materialia，2006，54：509-512.

[55]　Tane M，Ichitsubo T，Nakajima H. Elastic properties of lotus-type porous iron: acoustic measurement and extended effective-mean-field theory[J]. Acta Materialia，2004，52（17）：5195-5201.

[56]　Nakajima H. Through hole aluminum fabricated by the extraction of lubricated metallic wires[J]. Metallurgical and Materials Transactions A，2019，50（12）：5707-5712.

[57]　Ide T，Tane M，Hyun S K，et al. Fabrication of lotus-type porous Ni_3Al intermetallics[J]. Journal of the Japan Institute of Metals，2004，68（2）：39-42.

[58]　Sugiyama M，Hyun S K，Tane M，et al. Fabrication of lotus-type porous NiTi shape memory alloys using the continuous zone melting method and tensile property[J]. High Temperature Materials and Processes，2006，297-301.

[59]　Lin L M，Ueno S，Nakajima H，et al. Fabrication of lotus-type porous alumina with high compressive strength using unidirectional solidification[C]. Porous Metals and Metallic Foams: Metfoam 2007，2007；221-224.

[60]　Suzuki S，Kim T B，Nakajima H. Fabrication of Al-Cu alloy with elongated pores by continuous casting technique[J]. Journal of Physics Conference Series，2009，165：012068.

[61]　张华伟，李言祥，刘源. Gasar 工艺中金属-氢二元相图的研究[J]. 金属学报，2005，41（1）：55-59.

[62]　Liu Y，Li Y X. A theoretical study of gasarite eutectic growth[J]. Scripta Metallurgica，2003，49（5）：379-386.

[63]　刘源，李言祥，刘润发，等. 连铸法 Gasar 工艺中抽拉速率对多孔金属结构影响的理论分析[J]. 金属学报，2010，46（2）：129-134.

[64]　Simone A E. The tensile strength of porous copper made by the GASAR process[D]. Massachusetts：Massachusetts Institute of Technology，1994.

[65]　陈文革，罗启文，张强，等. 定向凝固技术制备多孔铜及其力学性能[J]. 机械工程材料，2007，31（7）：42-44.

[66]　彭震. 结构参数对规则多孔铜力学行为的影响[D]. 昆明：昆明理工大学，2011.

[67]　卢天健，刘涛，邓子辰. 多孔金属材料多功能化设计的若干进展[J]. 力学与实践，2008，30（1）：9-14.

[68]　左孝青，孙加林. 泡沫金属制备技术研究进展[J]. 材料科学与工程学报，2004，22（1）：90-93.

[69]　项亦斌，李言祥，刘源. 定向凝固规则多孔镁的力学性能研究[J]. 特种铸造及有色合金压铸专刊，2006：36-38.

[70]　项亦斌，李言祥，刘源. 定向凝固多孔镁的力学性能的有限元分析[C]. 2006 北京国际材料周暨中国材料研讨会会议文集，2006，581-587.

[71]　Nakajima H，Hyun S K，Ohashi K，et al. Fabrication of porous copper by unidirectional solidification under hydrogen and its properties[J]. Colloids and Surfaces，2001，179A：209-214.

[72]　Simone A E，Gibson L J. The tensile strength of porous copper made by the GASAR process[J]. Acta Metallurgica，1996，44（4）：1437-1447.

[73]　Simone A E，Gibson L J. The compressive behaviour of porous copper made by the GASAR process[J]. Journal of Materials Science，1997，32：451-457.

[74]　彭震，杨天武，李再久，等. 规则多孔铜的拉伸性能及其各向异性[J]. 中国有色金属学报，2011，21（5）：1045-1051.

[75]　Kovacik J. The tensile behavior of porous metals made by GASAR process [J]. Acta Metallurgica，1998，46（15）：5413-5422.

[76]　Hyun S K，Ikeda T，Nakajima H. Fabrication of lotus-type porous iron and its mechanical properties[J]. Science and Technology of Advanced Materials，2004，5：201-205.

[77]　Hyun S K，Nakajima H. Anisotropic compressive properties of porous copper produced by unidirectional solidification[J]. Materials Science and Engineering A，2003，340：258-264.

[78]　黄峰，杨天武，李再久，等. 规则多孔铜的压缩性能的各向异性[J]. 中国有色金属学报，2011，21（3）：604-610.

[79]　刘新华，姚迪，刘雪峰，等. 藕状多孔纯铜沿垂直气孔方向的压缩变形行为与本构关系[J]. 中国有色金属学报，2009，19（7）：1237-1244.

[80]　姚迪，刘新华，刘雪峰，等. 藕状多孔纯铜轴向压缩变形行为与本构关系[J]. 中国有色金属学报，2009，18（11）：1996-2001.

[81]　Hyun S K，Nakajima H，Boyka L V，et al. Bending properties of porous copper fabricated by unidirectional solidification[J]. Materials Letters，2004，58：1082-1086.

[82]　Murakami K，Nakajima H. Formation of pores during unidirectional solidification of water containing carbon dioxide[J]. Materials Transactions，2002，43（10）：2582-2588.

[83]　Shapovalov V I，Timchenko A G. Production of gas-crystal structures in aluminium and its alloys in the presence of hydrogen[J]. The Physics of Metals and Metallography，1993，76（3）：335-337.

[84]　Paradies C J，Tobin A，Wolla J. The effect of GASAR processing parameters on porosity and properties in aluminum alloy[J]. Materials Research Society Symposium Proceedings，1998，（521）：297-302.

[85]　Atwood R C，Sridhar S，Zhang W. Diffusion-controlled growth of hydrogen pores in aluminium-silicon castings：*in situ* observation and modelling[J]. Acta Materialia，2000，48（2）：405-417.

[86] Lee P D, Hunt J D. Hydrogen porosity in directionally solidified aluminium-copper alloys: a mathematical model[J]. Acta Materialia, 2001, 49 (8): 1383-1398.

[87] Melo M L, Rizzo E M, Santos R G. Numerical model to predict the position, amount and size of microporosity formation in Al-Cu alloys by dissolved gas and solidification shrinkage[J]. Materials Science and Engineering A, 2004, 374 (1-2): 351-361.

[88] 赵海东, 吴朝忠, 李元元. 垂直向上凝固 Al-Cu 铸件中微观孔洞形成的数值模拟[J]. 金属学报, 2008, 44 (11): 1340-1347.

[89] Jamgotchian H, Trivedi R, Billia B. Interface dynamics and coupled growth in directional solidification in presence of bubbles[J]. Journal of Crystal Growth, 1993, 134 (3-4): 181-195.

[90] Hoshiyama H, Ikeda T, Nakajima H. Fabrication of lotus-type porous magnesium and its alloys by unidirectional solidification under hydrogen atmosphere[J]. High Temperature Materials and Process, 2007, 26 (4): 303-316.

[91] Park J S, Hyun S K, Suzuki S. Fabrication of lotus-type porous Al-Si alloys using the continuous casting technique [J]. Metallargical and Materials Transactions A, 40 (2): 406-410.

[92] Park C, Nutt S R. Metallographic study of GASAR porous magnesium [J]. Materials Research Society Symposium Proceeding, 1998, (521): 315-320.

[93] Gokcen N. The Cu-Mn (copper-manganese) system[J]. Journal of Phase Equilibria and Diffusion, 1993, 14 (1): 76-83.

第 2 章 金属中的气泡形核与生长

本章将通过以下两个方面，介绍固-气共晶定向凝固过程的气泡形核、长大理论：①简述 Gasar 多孔金属气孔结构特征的主要参数，总结工艺参数（H_2 和 Ar 分压）对多孔铜气孔结构参数（气孔率、气孔直径和气孔分布特征）的影响规律；②通过对金属-氢共晶定向凝固过程中气泡生长动力学（形核和长大）条件的分析，得出不同凝固参数对气孔结构的影响机制。

2.1 气孔结构参数的表征

本章涉及简单模铸法试验的基体金属为纯铜，气体种类为高纯 H_2 和 Ar。选择纯铜而不是铜合金作为简单模铸法的基体金属，是鉴于前期的大量试验研究结果：相对于具有一定固液温度区间的合金而言，纯金属具有更简单的凝固模式——由于气体成分在固/液界面处造成的过冷度较小[1]，纯金属凝固时的固/液界面基本可以保持为平界面，从而导致其比合金更容易获得气孔结构规则、气孔尺寸和分布比较均匀的 Gasar 多孔结构。

金属-气体共晶定向凝固工艺中一般需用到两种气体：一种被称为工作气体，该气体溶解于金属的固、液两相，并通过其在金属固、液两相中的溶解度差为定向凝固时形成的气孔提供气体，是气泡生长的动力；另一种被称为辅助气体，该气体不溶解于金属的固、液两相，其在定向凝固时起到阻碍气泡生长，进而起到调节气孔结构的作用，辅助气体一般为惰性气体。此外，应注意的是工作气体、辅助气体和金属固、液相两两间均不能发生化合反应。

气体在金属固、液两相中溶解度差的存在，导致多孔金属中气孔的形成，故而在选用工作气体时一般需满足两个条件：①选用在金属固、液两相中溶解度差值较大的气体；②选用在金属液相中溶解度绝对值较大的气体，只有如此才能保证凝固时固/液界面处有足够多的气体参与气泡形核和长大。例如，H_2 在纯铜固、液两相中的溶解度[2]由式（2.1）和式（2.2）给出：

$$\lg[C_H^{L\text{-}Cu}] = \frac{-2325}{T} + 2.442 + \frac{1}{2}\lg\left(\frac{p_{H_2}}{p^{\ominus}}\right) \tag{2.1}$$

$$\lg[C_H^{S\text{-}Cu}] = \frac{-2640}{T} + 2.223 + \frac{1}{2}\lg\left(\frac{p_{H_2}}{p^{\ominus}}\right) \tag{2.2}$$

式中，$C_H^{L\text{-}Cu}$ 和 $C_H^{S\text{-}Cu}$ 分别为 H_2 在纯铜液相和固相中的溶解度，10^{-2}mL/g；T 为温度，K；p_{H_2} 为氢分压，Pa；$p^\ominus$ 为标准大气压力，Pa。图 2.1 为根据式（2.1）和式（2.2）计算所得的不同气压条件下，H_2 在纯铜中的溶解度随温度的变化曲线。从图中可以看出，随温度的逐渐升高，H_2 在纯铜固、液两相中的溶解度逐渐增大，但显然 H_2 在液相中溶解度的增幅较大；此外，随氢分压的逐渐增大，H_2 在纯铜固、液两相中的溶解度也逐渐增大，溶解度差值也增大。通过以上分析可得出，要成功制备出具有规则孔隙结构的 Gasar 多孔铜，须选择合适的过热度条件和适当的氢分压。

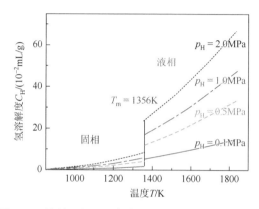

图 2.1　不同气压下 H_2 在纯铜固、液两相中的溶解度

对于 Gasar 多孔金属，主要的气孔结构表征参数有气孔率、气孔直径、气孔间距、气孔长度、气孔长径比、气孔尺寸分布、气孔位置分布、气孔形貌等。其中，气孔率、气孔直径和气孔间距是最为重要的三个参数，以下将逐一介绍这三个重要参数的定义及测试方法。

2.1.1　气孔率

多孔材料的气孔率[3]是指气孔所占体积与多孔材料总体积的比值，即气孔在整个材料中所占有的体积份额，是表征多孔材料的一个重要特征量。从理论上讲，Gasar 多孔金属的气孔率主要由工作气体在基体金属固、液两相中的溶解度差决定。在实际制得的 Gasar 多孔金属试样中，其气孔率范围为 5%～75%[4]。

根据气孔率的定义，其可由式（2.3）求得

$$\xi = \frac{V_G}{V} = \left(1 - \frac{m}{V\rho_S}\right) = \left(1 - \frac{\rho^*}{\rho_S}\right) \quad (2.3)$$

式中，V_G 和 V 分别为气孔和试样的体积；m 为试样的质量；ρ_S 和 ρ^* 分别为致密

金属固体的密度和多孔材料的实际密度。式（2.3）中 m 可通过天平测量，V 可通过阿基米德排水法测得。

Gasar 多孔金属中的气孔是由工作气体（本书中为 H_2）在金属液、固两相中的溶解度差造成的。因此在不考虑 H_2 逸出的条件下，根据质量守恒原理可知，溶解在金属液相中气体的量 $n_{[H,L]}$ 应等于气孔中气体的量 $n_{[H,pore]}$ 与溶解进入金属固相中气体的量 $n_{[H,S]}$ 之和。考虑 H_2 逸出，并定义逸出系数 a 为逸出 H 的量占金属液相中溶解 H 量的比值，那么气孔中气体的量 $n_{[H,pore]}$ 可表示为

$$n_{[H,pore]} = n_{[H,L]} - n_{[H,S]} - an_{[H,L]} = (1-a)n_{[H,L]} - n_{[H,S]} \tag{2.4}$$

以单位为 "1" 的铜（Cu）熔体为考察对象，假设 H_2 在金属液相和固相中的溶解度分别为 C_H^L 和 C_H^S，那么，金属液相和固相中溶解的 H_2 的摩尔量为

$$n_{[H,L]} = \frac{1}{\rho_L} C_H^{L\text{-}Cu} \tag{2.5}$$

$$n_{[H,S]} = \frac{1}{\rho_S} C_H^{S\text{-}Cu} \tag{2.6}$$

根据定义，Gasar 多孔金属的气孔率可由式（2.7）给出：

$$\xi = \frac{V_G}{V_G + V_S} \tag{2.7}$$

式中，ξ 为理论气孔率；V_G 为气相的体积；V_S 为固相的体积。

考虑 H_2 逸出的条件下，根据式（2.4），利用理想气体状态方程，可求得多孔金属中气相所占的体积为

$$V_G = \frac{[n_{[H,L]}(1-a) - n_{[H,S]}]RT_n}{p_{pore}} \tag{2.8}$$

式中，摩尔气体常数 $R = 8.314 \text{J/(mol·K)}$；$T_n$ 为金属熔点；p_{pore} 为气泡内 H_2 的压力。

而金属固相所占体积 V_S 可表示为

$$V_S = \frac{1}{\rho_S} \tag{2.9}$$

式中，ρ_S 为固态金属的密度。

将式（2.8）和式（2.9）代入式（2.7），整理后可得 Gasar 多孔金属气孔率的理论预测公式：

$$\xi = \frac{[(1-a)C_H^L\rho_S - C_H^S\rho_L]RT_n}{[(1-a)C_H^L\rho_S - C_H^S\rho_L]RT_n + \rho_L p_{pore}} \tag{2.10}$$

式中，ρ_S、ρ_L、T_n 及 R 均为常数；不同氢分压及不同温度下的 C_H^L 及 C_H^S 可由广泛适用于双原子气体的西韦特定律求得。

2.1.2 气孔直径

气孔直径是指规则多孔金属中气孔的名义直径，包括最大孔径 d_{max}、平均孔径 d 和最小孔径 d_{min}。其中最具代表意义的是平均孔径 d，一般有平均或等效的意义。在 Gasar 工艺中，由于工艺参数的不同，气孔直径变化很大，其变化范围为 $10\sim5000\mu m$[5]。在本书中，如无特别指明，气孔直径均指平均孔径 d。本书中的气孔直径由 Image J 图像分析软件获得。

气孔的尺寸分布表征在相同横截面上各个气孔间尺寸的差异性，从而反映该截面上气孔尺寸的均匀性。其具体操作是，把孔径从最小孔径 d_{min} 到最大孔径 d_{max} 划分为多个区间段，然后计算孔径在某一区间的气孔个数占总气孔个数的比例。在平均孔径 d 附近气孔所占比例越高，表示气孔尺寸分布越均匀。

2.1.3 气孔间距

气孔间距是指相邻两个气孔之间的距离。在实际的 Gasar 多孔金属试样中，气孔由于自身合并等原因，其尺寸大小不均，这导致很难对气孔间距等气孔结构参数进行比较科学的衡量，为此，需要对 Gasar 多孔金属的气孔结构抽象并进行模型化。当气孔以正六边形均匀分布于金属基体时，相较于气孔的其他分布情况，体系的吉布斯自由能最低，系统也最为稳定。因此，抽象后的理想 Gasar 多孔金属气孔结构应该是相互平行的气孔呈正六边形分布（保证气孔间距一致），且大小和长度一致，如图 2.2 所示。图中 D 为气孔的间距，r 为气孔半径，R 为正六边形

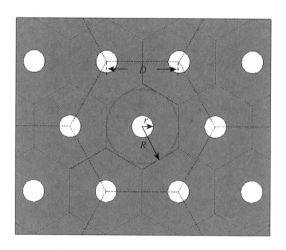

图 2.2　Gasar 多孔金属的理想结构

等圆面积的半径。这种完全规则并且均匀分布的理想气孔结构依赖于稳态宏观平界面定向共晶生长。根据该理想气孔结构可很容易地建立起气孔率、气孔直径和气孔间距的相互关系。

2.2　气泡形核和生长机制

2.2.1　形核机制

在一定的气体压力和成分条件下，熔体温度的降低将导致饱和溶解于其中的 H_2 变得过饱和，当该过饱和度达到一定浓度（一般认为是气泡临界形核浓度）时，气泡将在熔体中形核产生。经典的形核理论认为：一方面，当从过冷的液相（亚稳相）中形成晶核（稳定相）时，系统要释放出亚稳定相比稳定相高的那一部分吉布斯自由能，从而使整个体系的吉布斯自由能有所降低。由于释放出的这部分自由能与发生相变的体积成比例，因此称其为"体积自由能"，以 ΔG_V 表示，该项为形核的推动力。另一方面，在新晶核形成的同时，两相之间必然产生一个新的界面，由于晶核和液相的结构不同，因此晶核表面和晶核内部的原子所受的力必然不同，晶核表面的原子将偏离其规则排列的平衡位置，这导致了系统吉布斯自由能的增加，从而阻碍了晶核的生成。由于这部分能量与相界面的面积成比例，故称其为"界面自由能"，以 ΔG_i 表示，该项为形核的阻力。

图 2.3 为 Gasar 工艺中气泡在金属熔体中的均质形核示意图。当熔体中出现一个半径为 r_{pn} 的球形气泡时，根据经典的形核理论，此时整个系统中的吉布斯自由能的变化由以下两个部分组成。

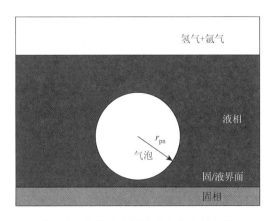

图 2.3　气泡在金属熔体中的均质形核

（1）体积自由能 ΔG_V：

$$\Delta G_V = \Delta G_m V = -\frac{4}{3}\pi r_{pn}^3 \cdot p_b \tag{2.11}$$

式中，ΔG_m 为液气两相单位体积的吉布斯自由能差，对于 Gasar 工艺中的气泡形核，则理解为气泡反抗外阻力、排开单位体积液相所做的功。

（2）界面自由能 ΔG_i：

$$\Delta G_i = \sigma_{L\text{-}G} A = 4\pi r_{pn}^2 \cdot \sigma_{L\text{-}G} \tag{2.12}$$

式中，$\sigma_{L\text{-}G}$ 为气/液界面能；A 为界面的面积。

即在 Gasar 工艺中，熔体中形成半径为 r_{pn} 的球形气泡而造成系统的吉布斯自由能的变化为

$$\Delta G = \Delta G_V + \Delta G_i = 4\pi r_{pn}^2 \cdot \sigma_{L\text{-}G} - \frac{4}{3}\pi r_{pn}^3 \cdot p_b \tag{2.13}$$

式中，p_b 为气泡内的压力，其数值可根据气泡内外的平衡求得：

$$p_b = p_{H_2} + p_{Ar} + \rho_L gh + \frac{2\sigma_{L\text{-}G}}{r_{pn}} \approx p_{H_2} + p_{Ar} + \frac{2\sigma_{L\text{-}G}}{r_{pn}} \tag{2.14}$$

对式（2.14）进行 r_{pn} 求导，并令 $d\Delta G / dr_{pn} = 0$，根据经典形核理论，可求出 Gasar 工艺中气泡均质形核时的临界形核半径 r_{pn}^*（$\Delta G\text{-}r_{pn}$ 曲线上的极值点）：

$$r_{pn}^* = \frac{2\sigma_{L\text{-}G}}{3(p_{H_2} + p_{Ar})} \tag{2.15}$$

从式（2.15）可看出，Gasar 工艺中，随着外加压力 p 的增加，气泡的临界形核半径 r_{pn}^* 减小，如图 2.4 所示。

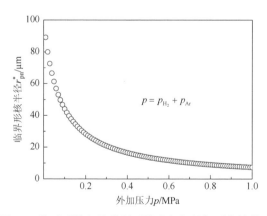

图 2.4　均质形核气泡临界形核半径与外加压力的关系

根据经典凝固形核理论，在 $r_{pn} = r_{pn}^*$ 处气泡继续形核长大所需克服的形核功 ΔG_n 为

$$\Delta G_{\mathrm{n}} = -\frac{4\pi r_{\mathrm{pn}}^{3}}{3} \cdot p_{\mathrm{b}} + 4\pi r_{\mathrm{pn}}^{2} \cdot \sigma_{\mathrm{L\text{-}G}} = \frac{1}{9} \times \frac{16\pi \sigma_{\mathrm{L\text{-}G}}^{3}}{9(p_{\mathrm{H_2}} + p_{\mathrm{Ar}})^{2}} = \frac{1}{9}\Delta G_{\mathrm{i}}(r_{\mathrm{pn}}) \quad (2.16)$$

式（2.16）意味着由气泡形核所做的体积功只能供给形成临界半径的气泡所需表面能的 8/9，其余 1/9 的能量须靠能量起伏来补足。

值得注意的是，由于气泡在熔体中均质形核所需的外加压力条件一般在吉帕（GPa）数量级[4]，而 Gasar 工艺中所使用的气体压力仅在兆帕（MPa）数量级，这就意味着 Gasar 工艺中气泡将很难以均质形核方式在金属熔体中形成。而在传统的铸造过程中，大量试验研究均表明[4-9]：气泡都是以合金熔体中的高温夹杂物为核心进行异质形核而形成的。例如，Fredriksson 和 Svensson[5]发现，加入大量 Al_2O_3 粉末后，不锈钢铸件中的长条形气孔消失，且每个新气孔根部都将出现一个或多个 Al_2O_3 颗粒，在光学显微镜和扫描电镜下观察到很多尺寸为 1～300μm 的 Al_2O_3 颗粒，且这些颗粒表面总有一些 5～40μm 长的孔洞或裂缝存在。在常见的钢、铝合金、镁合金和铜合金中，Al_2O_3、SiO_2、MgO 等的高温氧化总是不可避免，且这些氧化物一般都是不润湿或部分润湿，如果气泡在其表面形核，其形核阻力必然大大降低。基于此，本节以 Al_2O_3 高温夹杂物为例，简要分析了气泡在 Al_2O_3 夹杂物平界面和圆锥形凹坑内的异质形核机制，并试图找出不同气压条件及形核方式对 Gasar 工艺中气泡形核功的影响规律。

1. 气泡在 Al_2O_3 颗粒平界面上的非均质形核

图 2.5 展示了 Gasar 工艺中气泡在 Al_2O_3 颗粒平界面上的非均质形核示意图。根据上节有关气泡均质形核的分析，在考虑界面接触角 θ 的条件下，系统体积自由能 $\Delta G'_V$、界面自由能 $\Delta G'_i$ 和总吉布斯自由能 $\Delta G'$ 的变化分别见式（2.17）～式（2.19）。

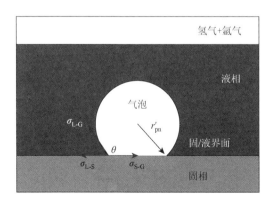

图 2.5　气泡在夹杂物平界面上的非均质形核

（1）体积自由能 $\Delta G_V'$：

$$\Delta G_V' = -\frac{2 - 3\cos\theta + \cos^3\theta}{3}\pi r_{\mathrm{pn}}'^3 \cdot p_{\mathrm{b}} \tag{2.17}$$

（2）界面自由能 $\Delta G_i'$：

$$\Delta G_i' = 2\pi r_{\mathrm{pn}}'^2(1 - \cos\theta)\cdot\sigma_{\mathrm{L\text{-}G}} + \pi r_{\mathrm{pn}}'^2\sin^2\theta\cdot(\sigma_{\mathrm{S\text{-}G}} - \sigma_{\mathrm{L\text{-}S}}) \tag{2.18}$$

则系统吉布斯自由能 ΔG 的变化：

$$\begin{aligned}\Delta G' = \Delta G_V' + \Delta G_i' &= 2\pi r_{\mathrm{pn}}'^2(1 - \cos\theta)\cdot\sigma_{\mathrm{L\text{-}G}} + \pi r_{\mathrm{pn}}'^2\sin^2\theta\cdot(\sigma_{\mathrm{S\text{-}G}} - \sigma_{\mathrm{L\text{-}S}}) \\ &\quad - \frac{(2 - 3\cos\theta + \cos^3\theta)}{3}\pi r_{\mathrm{pn}}'^3\cdot p_{\mathrm{b}}\end{aligned} \tag{2.19}$$

利用界面张力在水平方向上力的平衡，可得到式（2.20）：

$$\sigma_{\mathrm{S\text{-}G}} = \sigma_{\mathrm{L\text{-}S}} + \sigma_{\mathrm{L\text{-}G}}\cos(\pi - \theta) = \sigma_{\mathrm{L\text{-}S}} - \sigma_{\mathrm{L\text{-}G}}\cos\theta \tag{2.20}$$

将式（2.20）代入式（2.19），整理后可得

$$\begin{aligned}\Delta G' &= \left(4\pi r_{\mathrm{pn}}'^2\cdot\sigma_{\mathrm{L\text{-}G}} - \frac{4}{3}\pi r_{\mathrm{pn}}'^3\cdot p_{\mathrm{b}}\right)\cdot\frac{2 - 3\cos\theta + \cos^3\theta}{4} \\ &= \left(4\pi r_{\mathrm{pn}}'^2\cdot\sigma_{\mathrm{L\text{-}G}} - \frac{4}{3}\pi r_{\mathrm{pn}}'^3\cdot p_{\mathrm{b}}\right)\cdot f(\theta)\end{aligned} \tag{2.21}$$

式中，$f(\theta)$ 为形状系数因子。

对式（2.21）进行 r_{pn}' 求导，并令 $\mathrm{d}\Delta G'/\mathrm{d}r_{\mathrm{pn}}' = 0$，可求出 Gasar 工艺中气泡在高温夹杂物平界面上非均质形核时的临界形核半径 $r_{\mathrm{pn}}'^*$：

$$r_{\mathrm{pn}}'^* = r_{\mathrm{pn}}^* = \frac{2\sigma_{\mathrm{L\text{-}G}}}{3(p_{\mathrm{H}_2} + p_{\mathrm{Ar}})} \tag{2.22}$$

即 Gasar 工艺中气泡的临界形核半径与形核模式（均质形核或非均质形核）无关，只与气泡内 H_2 的压力 p_{H_2} 有关。从而式（2.21）可转化为

$$\begin{aligned}\Delta G' &= \left(4\pi r_{\mathrm{pn}}'^2\cdot\sigma_{\mathrm{L\text{-}G}} - \frac{4}{3}\pi r_{\mathrm{pn}}'^3\cdot p_{\mathrm{b}}\right)\cdot f(\theta) \\ &= \Delta G\cdot f(\theta)\end{aligned} \tag{2.23}$$

类似地，在 $r_{\mathrm{pn}}' = r_{\mathrm{pn}}'^*$ 处气泡继续形核长大所需克服的形核功 $\Delta G_n'$ 为

$$\Delta G_n' = \Delta G_n\cdot f(\theta) \tag{2.24}$$

2. 气泡在 $\mathrm{Al_2O_3}$ 颗粒圆锥形凹坑内的非均质形核

图 2.6 展示了气泡在 $\mathrm{Al_2O_3}$ 颗粒圆锥形凹坑内非均质形核示意图。在计算系统吉布斯自由能变化前，必须首先计算出气相的体积和表面积。根据图 2.7 的几何关系，可以把气相分为倒圆锥和球缺两个部分。图中 γ 和 R 分别表示倒圆锥顶角

和底面圆半径；r''_{pn} 表示形核气泡的临界半径；h_1 和 h_2 分别表示倒圆锥和球缺的高度。根据图 2.7 的几何关系，倒圆锥底面圆的半径 R 为

$$R = -r''_{pn} \cdot \cos\left(\theta + \frac{\gamma}{2}\right) \tag{2.25}$$

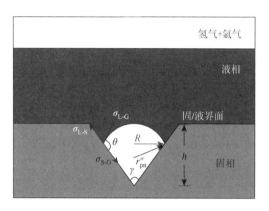

图 2.6　气泡在夹杂物平界面的圆锥形凹坑内的非均质形核

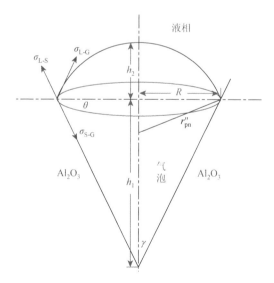

图 2.7　气泡在圆锥形凹坑内非均质形核的几何模型

倒圆锥的高度 h_1 为

$$h_1 = \frac{R}{\tan\dfrac{\gamma}{2}} \tag{2.26}$$

倒圆锥部分的体积 V_1 和侧面积 S_1 分别为

$$V_1 = \frac{\pi R^2}{3} \cdot h_1 = \frac{\pi R^3}{3 \tan \dfrac{\gamma}{2}} \tag{2.27}$$

$$S_1 = \frac{\pi R^2}{\sin \dfrac{\gamma}{2}} \tag{2.28}$$

球缺的高度 h_2、体积 V_2 和表面积 S_2 分别为

$$h_2 = r''_{pn} \left[1 + \sin\left(\theta + \frac{\gamma}{2} \right) \right] \tag{2.29}$$

$$V_2 = \frac{4\pi r''^3_{pn}}{3} - \pi \cdot h_2^2 \cdot \left(r''_{pn} - \frac{h_2}{3} \right) \tag{2.30}$$

$$S_2 = 2\pi r''^2_{pn} \left[1 - \sin\left(\theta + \frac{\gamma}{2} \right) \right] \tag{2.31}$$

故系统吉布斯自由能 $\Delta G''$ 的变化为

$$\Delta G'' = \sigma_{\text{L-G}} \cdot S_2 + (\sigma_{\text{S-G}} - \sigma_{\text{L-S}}) \cdot S_1 - p_b \cdot (V_1 + V_2) \tag{2.32}$$

根据式（2.20）的界面张力平衡公式，并将式（2.25）～式（2.31）代入式（2.32）简化得到：

$$\Delta G'' = \left(4\pi r''^2_{pn} \cdot \sigma_{\text{L-G}} - \frac{4}{3} \pi r''^3_{pn} \cdot p_b \right)$$
$$\cdot \frac{[1 - \sin(\theta + \gamma/2)]}{4\sin(\gamma/2)} \cdot \{2\sin(\gamma/2) - \cos\theta[1 + \sin(\theta + \gamma/2)]\} \tag{2.33}$$
$$= \left(4\pi r''^2_{pn} \cdot \sigma_{\text{L-G}} - \frac{4}{3} \pi r''^3_{pn} \cdot p_b \right) \cdot f(\theta, \gamma)$$

即气泡在高温夹杂物圆锥形凹坑内非均质形核时的形状系数因子 $f(\theta, \gamma)$ 为

$$f(\theta, \gamma) = \frac{[1 - \sin(\theta + \gamma/2)]}{4\sin(\gamma/2)} \cdot \{2\sin(\gamma/2) - \cos\theta[1 + \sin(\theta + \gamma/2)]\} \tag{2.34}$$

注意到，当圆锥形凹坑夹角 $\gamma = 180°$ 时，有

$$f(\theta, \pi) = \frac{2 - 3\cos\theta + \cos^3\theta}{4} = f(\theta) \tag{2.35}$$

对式（2.33）进行 r''_{pn} 求导，并令 $\mathrm{d}\Delta G'' / \mathrm{d}r''_{pn} = 0$，可求出 Gasar 工艺中气泡在高温夹杂物平界面上非均质形核时的临界形核半径 r''^*_{pn}：

$$r''^*_{pn} = r'^*_{pn} = r^*_{pn} = \frac{2\sigma_{\text{L-G}}}{3(p_{\text{H}_2} + p_{\text{Ar}})} \tag{2.36}$$

也即，Gasar 工艺中气泡的临界形核半径与形核模式（均质形核或非均质形核）无关，只与气泡内 H_2 的压力 p_{H_2} 有关。从而式（2.33）可转化为

$$\Delta G'' = \left(4\pi r_{pn}''^{2} \cdot \sigma_{L\text{-}G} - \frac{4}{3}\pi r_{pn}''^{3} \cdot p_{b} \right) \cdot f(\theta,\gamma) = \Delta G \cdot f(\theta,\gamma) \qquad (2.37)$$

类似地，在 $r_{pn}' = r_{pn}'^{*}$ 处气泡继续形核长大所需克服的形核功 $\Delta G_{n}'$ 为

$$\Delta G_{n}' = \Delta G_{n} \cdot f(\theta,\gamma) \qquad (2.38)$$

以 Cu 熔体中存在的 Al_2O_3 夹杂物为例，结合以上分析，可计算出不同形核方式下的形状因子曲线，以及不同气压 p 下气泡均质与非均质形核时体系吉布斯自由能随气泡半径 r 的变化关系，如图 2.8 所示。计算时所用的参数如表 2.1 所示。

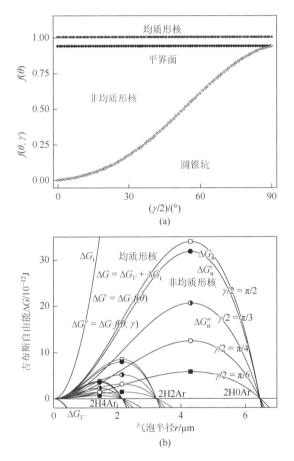

图 2.8　气泡均质形核和非均质形核所需形核功与气体压力的关系

表 2.1　气泡形核计算时所用参数及部分计算结果

金属	$\Delta T/K$	$\rho_L gh/Pa$	$\theta/(°)$	$\sigma_{L\text{-}G}/(J/m^2)$
Cu	200	7840	134	1.31

　　从图 2.8 可知，在 Gasar 凝固中，相同的外界气压 p（$p = p_{H_2} + p_{Ar}$）下，不同气泡形核方式所需系统克服的形核功大小不一：均质形核所需形核功大于非均质形核所需形核功，不同非均质形核所需形核功与圆锥夹角 γ 成正比。虽然该值仍达不到热力学第二定律所规定的相变自发性条件的要求（$\Delta G < 0$），但随形核功的降低，由系统能量起伏所补足的能量（形核功）必将减小，气泡形核也更加容易。此外，随外界气压 p 增大，相同的形核方式所需系统克服的形核功减小，即低压下不能启动的形核方式在高压下的启动将成为可能，结果导致随外界气压 p 的增大，系统的形核率增加。

　　对于气泡的形核位置，对熔融熵的计算表明：大多数纯金属凝固时的固/液界面将以非小平面（non-faceted）方式生长，非小平面界面在微观尺度上光滑，只是由于晶界的存在，界面上将出现微米尺度范围的沟槽（图 2.9），显然，在 Gasar 凝固（非平衡凝固）条件下，沟槽内的溶质 H 浓度大于固/液界面附近的 H 浓度，而远大于熔体远端 H 的初始浓度 C_L，因此，相对于气泡的晶内形核，非小平面界面上的沟槽将率先形核。此外，晶界上空位、位错等缺陷较多，导致原子的扩散速率较快，在发生相变时，新相往往首先在晶界上形核。

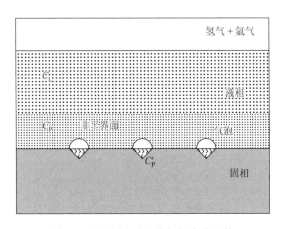

图 2.9　固/液界面形貌与气泡的形核

2.2.2　生长机制

　　气泡在固/液界面附近形核以后，并非所有具有临界半径 r_n 的气泡都能随固/液界面一起长大成为气孔，形核气泡的进一步长大由气泡内压力 p_{H-C}（长大动力）和气泡外压力 p_{re}（长大阻力）间的差值决定，如图 2.10 所示。显然有

$$\Delta p = p_{\text{H-C}} - p_{\text{re}} \begin{cases} \geqslant 0 & (\text{气泡稳定生长}) \\ < 0 & (\text{气泡不能生长}) \end{cases} \tag{2.39}$$

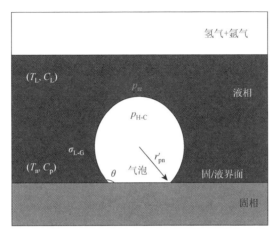

图 2.10　气泡在夹杂物平界面上的生长

对于气泡生长的阻力 p_{re}：

$$p_{\text{re}} = p_{\text{vap}} + p_{\text{H}_2} + p_{\text{Ar}} + \rho_L gh + \frac{2\sigma_{\text{L-G}}}{r_{\text{n}}} \tag{2.40}$$

由于气泡的临界半径 r_{n} 与形核方式无关，且过热度为 200K 时 Cu 熔体的蒸气压 p_{vap} 及静压力 $\rho_L gh$ 较小，把式（2.36）代入式（2.40）有

$$p_{\text{re}} = p_{\text{H}_2} + p_{\text{Ar}} + \frac{2\sigma_{\text{L-G}}}{r_{\text{n}}} \approx 4(p_{\text{H}_2} + p_{\text{Ar}}) \tag{2.41}$$

即由表面张力引起的附加压力是外部气体压力的 3 倍，阻碍气泡生长的压力 p_{re} 是外部气体压力的 4 倍。

对于气泡生长的动力 $p_{\text{H-C}}$，由西韦特定律可知，H_2 在温度为 T_L（$T_L = T_{\text{n}} + \Delta T$）的纯铜熔体中的溶解度 C_L 为

$$C_L = \xi(T_L)\sqrt{p_{\text{H}_2}} \tag{2.42}$$

从而得到 p_{H_2} 与 H 在熔体中浓度 C_L 的关系：

$$p_{\text{H}_2} = \left(\frac{C_L}{\xi(T_L)}\right)^2 \tag{2.43}$$

随着凝固的进行，固/液界面处的温度降至熔点温度 T_{n}，溶质的浓度变为 C_{p}，

根据凝固理论，界面前沿所能达到的最小溶质浓度和最大溶质浓度分别为 C_L 和 C_L/k_0（k_0 为溶质分配系数，对于 Cu-H 体系，$k_0 = 0.35$），由于 Ar 几乎不溶于 Cu 熔体，气泡内的气体完全为 H_2，此时与熔体中 H 溶质浓度 C_p 相平衡所需的 H_2 压力即为气泡内的压力 $p_{H\text{-}C}$，从而有

$$p_{H\text{-}C}^{\min} = \left(\frac{C_L}{\xi(T_M)}\right)^2 \leqslant p_{H\text{-}C} \leqslant p_{H\text{-}C}^{\max} = \left(\frac{C_L}{k_0 \cdot \xi(T_M)}\right)^2 = \frac{1}{k_0^2} \cdot p_{H\text{-}C}^{\min}$$

对于 Cu-H 体系：

$$\xi(T) = 7.216 \times 10^{-7} \exp\left(\frac{-5234}{T}\right) \tag{2.44}$$

结合式（2.42）～式（2.44），有

$$p_{H\text{-}C}^{\min} = \exp\left(\frac{5234}{T_M} - \frac{5234}{T_M + \Delta T}\right) \cdot p_{H_2} \leqslant p_{H\text{-}C} \leqslant \frac{1}{k_0^2} p_{H\text{-}C}^{\min} = p_{H\text{-}C}^{\max} \tag{2.45}$$

图 2.11 为根据式（2.40）和式（2.45）计算所得的过热度 ΔT、p_{H_2} 及 p_{Ar} 的变化对气泡内外压力的影响。从图中可以看出，当 p_{H_2} 及 p_{Ar} 恒定（p_{re} 恒定）时，提高熔体的过热度可使 H_2 在熔体中的溶解度增大，进一步提高固/液界面处 H 的富集度，从而使得气泡生长更容易；当 p_{Ar}、ΔT 恒定时，随 p_{H_2} 的增加，熔体中 H_2 溶解度增加，同样使得气泡生长更容易［图 2.11（a）］；当 p_{H_2}、ΔT 恒定（$p_{H\text{-}C}$ 恒定）时，随 p_{Ar} 的增加，气泡生长阻力 p_{re} 增大，当 p_{Ar} 达到一个临界值 $p_{Ar}^{\max}$ 后，气泡的外压力 p_{re} 将大于由周围 H 浓度决定的气泡内压力的最大值 $p_{H\text{-}C}^{\max}$，此时达到临界半径 r_n 的气泡也将不能长大，即当 p_{H_2}、ΔT 恒定时，随 p_{Ar} 的增加气泡生长变得困难［图 2.11（b）］。

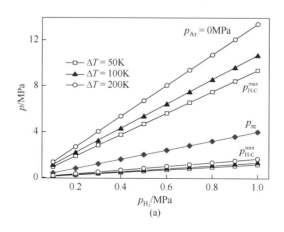

(a)

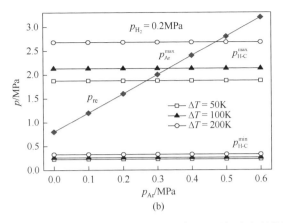

图 2.11　气体压力 p_{H_2}、p_{Ar} 及熔体过热度 ΔT 对气泡生长的影响

参 考 文 献

[1] 张华伟. 金属-气体共晶定向凝固的理论与实验研究[D]. 北京：清华大学，2006.

[2] 张华伟，李言祥，刘源. 氢在 Gasar 工艺中常用纯金属中的溶解度[J]. 金属学报，2007，43（2）：113-118.

[3] 刘培生. 多孔材料引论[M]. 北京：清华大学出版社，2004.

[4] 刘源. 金属-气体共晶定向凝固制备藕状多孔金属基础研究[D]. 北京：清华大学，2003.

[5] Fredriksson H，Svensson I. On the mechanism of pore nucleation in metals[J]. Metallurgical Transactions B，1976，7（4）：599-606.

[6] Liu Y，Li Y X，Wan J. Evaluation of porosity in lotus-type porous magnesium fabricated by metal/gas eutectic unidirectional solidification[J]. Materials Science and Engineering A，2005，402：47-54.

[7] Hyun S K，Murakami K，Nakajima H. Anisotropic mechanical properties of porous copper fabricated by unidirectional solidification[J]. Materials Science and Engineering，2001，299 A（1-2）：241-248.

[8] 刘源，李言祥，张华伟. 藕状多孔金属 Mg 的 GASAR 工艺制备[J]. 金属学报，2004，40（11）：1121-1126.

[9] 杨天武，周荣，金青林. 规则多孔金属理想结构分析[J]. 特种铸造及有色合金，2012，32（5）：400-403.

第3章 金属-氢共晶定向凝固热力学模型

规则多孔材料已受到了广泛关注[1-5]。在过去的十年中，人们已经在从纯金属[5, 6]和合金[7, 8]到半导体[9]甚至陶瓷材料[10]中成功地获得了规则的多孔结构。然而在这些材料是否都是必须与氢气形成共晶体系，才能产生规则的孔隙结构方面，目前还有分歧。例如，日本的 Nakajima 等就认为没有足够的证据支持规则多孔材料的凝固属于共晶体系。他们认为孔隙的形成仅仅是由于液态和固态之间氢溶解度的差异[4]，即在凝固过程中，氢气从熔体中析出并扩散到气孔中。Nakajima 使用了另一个名称"藕状多孔材料"[4-10]，这是因为气孔的外观与莲藕中的藕根相似。到目前为止，此类材料还没有正式的名称。除了 Shapovalov 最初提出的"Gasar"外，在文献中还可以找到许多名称，如"藕状多孔材料"、"规则多孔材料"和"固-气共晶多孔材料"等[1-15]。该类材料缺乏正式的名称，实际上反映了人们对凝固机制的不同理解。

气孔结构（包括孔隙度、孔间间距、孔径等）取决于氢气压力、凝固速率等工艺参数。为了更有效地控制孔结构，必须建立起孔隙结构与工艺参数之间的关系理论模型[11]。目前已经建立起两种分析方法：一种是基于规则多孔材料的凝固本质上是共晶凝固的理解，清华大学的刘源等讨论了这种方法[13-15]；另一种方法由 Nakajima 等建立，是基于气孔的形成源自氢在液体和固体中的溶解度差[4]。过饱和熔体的凝固是一个复杂的过程，涉及一系列同时发生并相互关联的物理现象，如气体扩散、孔隙成核和生长、传热和传质等[16]。在这方面，Drenchev 等[3, 12]所讨论的数值方法具有能够耦合多种物理现象的优势。但是数值分析的结果通常被视为判断的标准，因此在揭示凝固过程中的各种物理量基本关系方面存在局限性。

本章基于熔体热力学基本原理，分析了氢扩散的驱动力和固/气界面形成的驱动力。然后通过最小吉布斯能原理建立了固-气共晶的热力学模型，并将计算值与试验结果进行比较，讨论了模型的准确性。

3.1 金属-氢共晶定向凝固的特征

在一定的气体压力和温度条件下，H_2 在金属液、固两相中的溶解度可根据广泛适用于双原子气体的西韦特定律，由式（3.1）和式（3.2）分别求出：

$$X_L = k_1 \sqrt{p} \qquad (3.1)$$

$$X_{\mathrm{S}} = k_2 \sqrt{p} \tag{3.2}$$

式中，X_{L} 和 X_{S} 分别为在一定氢分压 p 下，H_2 在金属液相和固相中的溶解度；k_1 和 k_2 为与温度 T 有关的常数。

　　图 3.1 展示了当气体压力一定时，经由西韦特定律计算的 H_2 在金属固、液两相中的溶解度随温度的变化示意图。由图可知，H_2 在金属固、液两相中的溶解度均随温度的升高而逐渐增大，且在金属固、液相变点（熔点 T_{m}）处将出现一个溶解度跃变值 $X_{\mathrm{L}}(T_{\mathrm{m}}) - X_{\mathrm{S}}(T_{\mathrm{m}})$。当饱和溶解 H_2，温度为 T（$T > T_{\mathrm{m}}$）的熔体进行定向凝固时，在固/液界面前沿富集的溶质 H 将由两部分组成：一部分为由于熔体温降（$T \to T_{\mathrm{m}}$）而产生的 H，该部分 H 主要以气泡的形式逸出或溶解进入无限远端的高温液相；另一部分为由 H_2 在金属固、液两相间的溶解度差而造成的富集，该部分 H 是 Gasar 气孔形核和长大的来源。综上所述，扩散进入 Gasar 气孔的量 n_{g}（mol）可由"溶解度差"计算得到：

$$n_{\mathrm{g}} = n_{\mathrm{tot}}[X_{\mathrm{L}}(T_{\mathrm{m}}) - X_{\mathrm{S}}(T_{\mathrm{m}})] \tag{3.3}$$

式中，n_{tot} 为金属熔体中溶解 H 的总量。

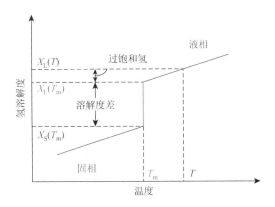

图 3.1　压力一定时 H_2 在金属固、液两相中的溶解度随温度的变化示意图

　　通常，Gasar 定向凝固被认为是金属-氢共晶转变，如图 3.2 所示。根据杠杆定律，可计算出 Gasar 气泡中 H 的含量 n_{g}：

$$\frac{n_{\mathrm{g}}}{n_{\mathrm{M}}} = \frac{x_{\mathrm{E}} - x_{\mathrm{S}}}{1 - x_{\mathrm{E}}} \tag{3.4}$$

式中，n_{M} 为已凝固金属的含量；x_{E} 为共晶成分的摩尔分数；x_{S} 为 H_2 在固相中的最大溶解度。式（3.4）表明在金属-氢共晶定向凝固中，Gasar 气泡中 H 的含量 n_{g} 与已凝固金属的含量 n_{M} 呈一定的比例关系，其主要由 x_{E} 和 x_{S} 的数值决定。

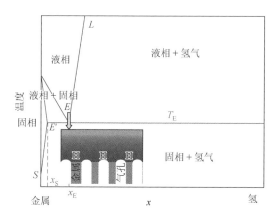

图 3.2　金属-氢二元共晶相图

此外，在图 3.2 所示的金属-氢二元共晶相图中，"液相"和"液相＋氢气"间的气相线 LE 表征 H 在金属液相中的溶解度 X_L 随温度变化的曲线，其可由式（3.1）计算得到；共晶成分的摩尔分数 x_E 被认为是在熔点温度处，H 在金属液相中的溶解度，即 $x_E = X_L(T_m)$；同样地，"固相"和"固相＋氢气"间的固相线 SE' 表征 H 在金属固相中的溶解度 X_S 随温度变化的曲线，其可由式（3.2）计算得到；已凝固金属的摩尔分数 x_S 被认为是在熔点温度处，H 在金属固相中的溶解度，即 $x_S = X_S(T_m)$。

通过前期张华伟等对金属-氢二元共晶相图的计算表明，x_E 和 x_S 的数值相当小，以 Cu-H 体系为例，在 0.6MPa 的 H_2 压力下，x_E 和 x_S 的数值分别为 5.441×10^{-4} 和 1.904×10^{-4}。因此，$1 - x_E \approx 1$，$n_M \approx n_{tot}$；从而式（3.4）改写为

$$n_g \approx n_{tot}(x_E - x_S) \tag{3.5}$$

当取 $x_E = X_L(T_m)$ 及 $x_S = X_S(T_m)$ 时，式（3.5）与式（3.3）形式相同。

以上的讨论表明，金属-氢共晶反应生成的氢的含量几乎等于氢在金属液、固两相中的溶解度差。从这一方面看，规则多孔材料的凝固可以视为共晶凝固，也可以认为气孔来自固、液相的气体溶解度差，因为二者释放出的氢气几乎相同。此外，x_E 和 x_S 的数值相当小，导致金属-氢二元共晶相图严重偏向金属一端，如图 3.2 所示；即金属固相中的最大溶氢量 x_S 与共晶成分处液相的溶氢量 x_E 相差不大。另外，当大于共晶成分的溶氢熔体凝固时，由于固相和气相的含量必须与共晶成分处的含量相等，因此，对于在一定凝固速率下的 Gasar 凝固，氢原子的扩散必将是沿固/液界面的横向扩散，而金属原子的扩散必将是穿过固/液界面的短程扩散，如图 3.3 所示。这是金属-氢共晶转变与传统二元固-固共晶转变的不同点，从这个观点来看，金属-氢共晶转变是一类特殊的共晶转变。

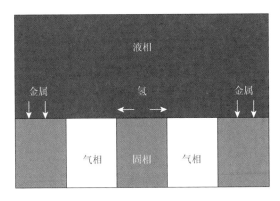

图 3.3　Gasar 凝固中的溶质扩散

3.2　热力学模型的建立

金属-氢共晶与传统金属-金属共晶的区别在于，后者凝固形成规则共晶结构的两相一般需要拥有比较接近的热化学性质，而前者共晶相（金属固相和氢气）间的热化学性质差异较大。这种共晶相间热化学性质的差异除体现在图 3.2 所示的金属-氢二元共晶相图上外，还体现在金属液相的 Gibbs 自由能曲线上，后者主要表现为自由能曲线极不对称——极小值偏向金属一端，而极大值偏向氢一端，如图 3.4 所示。图中，G^L 表示含氢金属液相的自由能；G_M^L 表示液态金属的自由能；G_H^L 表示液态氢的自由能。

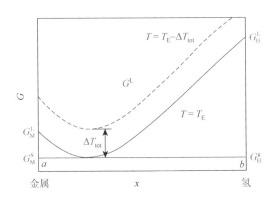

图 3.4　1mol 金属-氢系统中液相的自由能-成分曲线

选择固态金属和气态氢为标准态

G^L-x 曲线上的极小值点表征金属液相、金属固相和气相的三相共存点，即图 3.2 中的共晶点 E。在共晶温度 T_E 下，在极小值点处做 G^L-x 曲线的切线 ab，

端点 a 和 b 分别代表固相中金属的化学势 G_M^S 及固相中气态氢的化学势 G_H^g。根据凝固理论,由于熔体的凝固必须在小于熔点的一个过冷度下进行,那么在 $(T_E-\Delta T_{tot})$ 温度下凝固时,G^L-x 曲线将相对于直线 ab 向上提升,如图 3.4 所示。在该条件下的 Gasar 凝固将引起系统三个自由能的变化,其一为液-固相变引起的自由能变化 ΔG_{sol};其二为固/气界面形成造成系统自由能的变化 ΔG_{int};其三为驱动氢原子扩散造成系统自由能的变化 ΔG_{diff}。因此,系统整个自由能的变化可由式(3.6)来表示:

$$\Delta G_{tot} = \Delta G_{sol} + \Delta G_{int} + \Delta G_{diff} \tag{3.6}$$

相应地,由系统自由能总变化 ΔG_{tot} 所要求的过冷度 ΔT_{tot} 也由以下三个部分组成:其一为满足液-固相变所需的过冷度 ΔT_{sol};其二为满足形成固/气界面所需的过冷度 ΔT_{int};其三为满足氢原子扩散所需的过冷度 ΔT_{diff}。从而有

$$\Delta T_{tot} = \Delta T_{sol} + \Delta T_{int} + \Delta T_{diff} \tag{3.7}$$

1. 液-固相变引起的自由能变化 ΔG_{sol}

根据凝固理论,熔体的凝固(液-固相变)必须在一定的过冷度下进行。金属由液相到固相的转变将导致系统自由能下降,且其数值为

$$\Delta G_{sol} = \frac{L \cdot \Delta T_{sol}}{T_m} \tag{3.8}$$

式中,L 为凝固潜热。根据凝固理论,该部分自由能的下降是液-固相变的驱动力。

2. H 扩散造成系统自由能的变化 ΔG_{diff}

为简化分析,建立了如图 3.5 所示的金属-氢共晶定向凝固中气孔结构的几何模型,$2r$ 为气孔直径,$2l$ 为气孔间距。为保证气孔间距的一致性,模型假设气孔呈正六边形均匀分布;且固/液界面以平界面的模式向前推进的速率(凝固速率)v 恒定。此外,由于固/液界面前沿溶质氢的扩散方向与界面横向上氢的浓度和化学势梯度有关,模型假设氢化学势最大的位置为三个气孔所构成的正三角形的正中央,根据几何关系,很容易求出氢的扩散距离为 $2l/\sqrt{3}$。根据气相与固相的面积,凝固后多孔试样的气孔率 ε 可表示为

$$\varepsilon = \frac{r^2}{l^2} \tag{3.9}$$

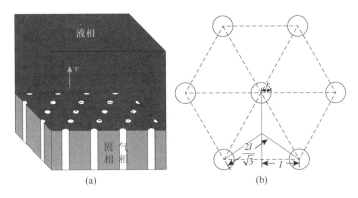

图 3.5　金属-氢共晶定向凝固中气孔结构的几何模型

图 3.6 展示了 1mol 金属-氢系统中，溶质 H 扩散所需过冷度 ΔT_{diff} 与其对应的自由能曲线间的关系。图中，液相线 AE 外推后与线 $T = T_E - \Delta T_{diff}$ 相交于点 A'（成分 $x = $ Ⅰ），对应自由能曲线上的点①，在点①处做液相自由能曲线 G^L 的切线，与线 $x_H = 0$ 和 $x_H = 1$ 分别交于点 a' 与点 c，分别代表成分为 $x = $ Ⅰ 的液相中，金

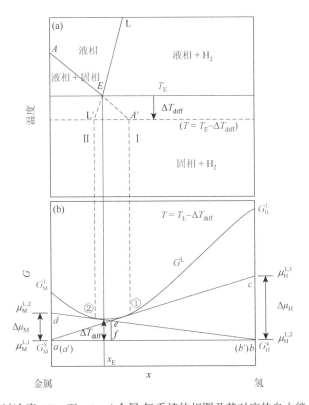

扫一扫　看彩图

图 3.6　在过冷度 ΔT_{diff} 下，1mol 金属-氢系统的相图及其对应的自由能-成分曲线

属的化学势 $\mu_M^{L,1}$ 和氢的化学势 $\mu_H^{L,1}$；在固/液界面处固相与 $x = $ Ⅰ 液相平衡，从而有 $\mu_H^{L,1} = G_M^S$，也即点 a' 与点 a 重合。同理，气相线 LE 外推后与线 $T = T_E - \Delta T_{diff}$ 相交于点 L'（成分 $x = $ Ⅱ），对应自由能曲线上的点②。前期对金属-氢二元共晶相图的计算表明，气相线 LE 与线 $T = T_E - \Delta T_{diff}$ 近乎于垂直，这意味着成分Ⅱ与共晶成分极为接近，也即 Ⅱ $\approx x_E$。在点②处做自由能曲线 G^L 的切线，与线 $x_H = 0$ 和 $x_H = 1$ 分别交于点 d 和点 b'，分别代表成分为 $x = $ Ⅱ 的液相中，金属的化学势 $\mu_M^{L,2}$ 和氢的化学势 $\mu_H^{L,2}$；点 b 处，液/气界面处气相与 $x = $ Ⅱ 液相平衡，有 $\mu_H^{L,2} = G_H^g$，也即点 b' 与点 b 重合。线 ad 间的距离 $\Delta\mu_M = \mu_M^{L,2} - G_M^S$，表征金属原子扩散的驱动力；线 bc 间的距离 $\Delta\mu_H = \mu_H^{L,1} - G_H^g$，表征氢原子扩散的驱动力；显然，由图示可知：$\Delta\mu_H \gg \Delta\mu_M$。

沿凝固界面，氢的化学势梯度大约可认为是 $\Delta\mu_H \cdot \sqrt{3}/2l$，而 H 的扩散速率 v_H 应与 H 的扩散系数 D_H 和 H 的化学势 $\Delta\mu_H$ 呈正比例关系，如式（3.10）：

$$v_H = \frac{D_H}{RT_m} \cdot \frac{\Delta\mu_H \cdot \sqrt{3}}{2l} \tag{3.10}$$

式中，R 为摩尔气体常数，J/(mol·K)。

如前所述，由于金属-氢系统中液相的自由能-成分曲线的极小值偏向金属一端，因此可以认为 H 扩散所引起系统自由能的变化量 ΔG_{diff} 近似等于切线 ac 与切线 bd 交点 e 到线 ab 间的距离 ef，如图 3.6（b）所示，根据三角形 abc 上的几何关系，有

$$\Delta\mu_H = \frac{\Delta G_{diff}}{x_E} \tag{3.11}$$

而在凝固界面上溶质 H 的通量 $J_1[mol/(m^2·s)]$ 为

$$J_1 = v_H \cdot X_L(T_m) \cdot M \tag{3.12}$$

式中，M 为液态金属的密度。当凝固界面以一个恒定的速率 v 向前生长时，溶质 H 的通量 $J_2[mol/(m^2·s)]$ 为

$$J_2 = \frac{p_{pore}}{RT} \cdot v \tag{3.13}$$

式中，$p_{pore} = p_{H_2} + p_C + p_h$，$p_{H_2}$ 为熔体上方 H_2 的压力；p_C 为气泡的毛细压力；p_h 为静水压力。为满足 Gasar 凝固过程中的稳态生长，必须满足以下条件：

$$J_1 = J_2 \tag{3.14}$$

联立式（3.10）～式（3.14），有

$$\Delta G_{diff} = \frac{2}{\sqrt{3}} \frac{p_{pore} l}{D_H M} \cdot v \tag{3.15}$$

3. 固/气界面形成而导致系统自由能的增加 ΔG_{int}

假设在 1mol 的金属-氢系统中，有 x_E mol 的 H，那么气泡中 H 的总量为

$$V_{pore} = \frac{RT}{p_{pore}}(1-k)x_E \tag{3.16}$$

式中，k 为溶质分配系数，有 $k = x_S/x_E$。固/气界面的总面积 A 为

$$A = \frac{V_{pore}}{N\pi r^2} \cdot 2\pi r \cdot N = \frac{2V_{pore}}{r} \tag{3.17}$$

式中，N 为 1mol 已凝固的金属-氢系统中的总气泡数；r 为气泡半径。

则固/气界面形成而使气孔自由能上升的量 ΔG_{int} 为

$$\Delta G_{int} = A \cdot \sigma^{S/g} \tag{3.18}$$

式中，$\sigma^{S/g}$ 为固/气界面张力，联立式（3.16）～式（3.18），以及式（3.10）可得

$$\Delta G_{int} = \frac{RT}{p_{pore}} \cdot (1-k)x_E \cdot \frac{2}{l\sqrt{\varepsilon}} \cdot \sigma^{S/g} \tag{3.19}$$

基于理想气体状态方程，可以很容易地推导出式（3.19）中的气孔率 ε 为

$$\varepsilon = \frac{X_L(T) - X_S(T_m)}{\dfrac{p_{pore}}{RT} \cdot M + X_L(T) - X_S(T_m)} \tag{3.20}$$

4. 系统总自由能的变化 ΔG_{tot}

将式（3.8）、式（3.15）和式（3.20）代入式（3.6）可得由 Gasar 多孔结构形成所造成系统自由能的总变化量为

$$\Delta G_{tot} = \frac{L \cdot \Delta T_{sol}}{T_m} + \frac{2l}{\sqrt{3}}\frac{p_{pore}}{D_H M} \cdot v + \frac{RT}{p_{pore}} \cdot (1-k)x_E \cdot \frac{4}{2l \cdot \sqrt{\varepsilon}} \cdot \sigma^{S/g} \tag{3.21}$$

从式（3.21）中可以看出，等号右边的第一项 ΔG_{sol} 与气孔结构参数 $2l$ 无关，第二项 ΔG_{diff} 与 $2l$ 呈线性关系，而第三项 ΔG_{int} 与 $2l$ 呈反比例关系。由于在 Gasar 凝固中，最佳的气孔结构分布对应最低的自由能，即对式（3.21）进行求导，并令 $d(\Delta G_{tot})/d(2l) = 0$，从而可推导出：

$$vl^2 = \sqrt{3}(1-k)\frac{D_H}{p_{pore}} \cdot \frac{\sqrt{\varepsilon}}{1-\varepsilon} \cdot \sigma^{S/g} \tag{3.22}$$

式中，v 为界面推进速率，对连铸工艺来说，认为界面推进速率近似等于下拉速

率；l 为孔间距；k 为溶质分配系数；D_H 为溶质 H 的扩散系数；p_{pore} 为气泡内的氢气压力；ε 为试样气孔率；$\sigma^{S/g}$ 为表面张力。

在给定的外加 H_2 压力和熔体温度下，参数 ε、D_H、p_{pore} 和 $\sigma^{S/g}$ 均为常数，因此，式（3.22）可改写为

$$vl^2 = A(p,T) \tag{3.23}$$

式中，A 为与外加气体压力及熔体温度相关的一个常数。值得注意的是，式（3.23）与经典共晶生长理论中用来描述层片间距 l 和凝固速率 v 的关系式 $l = A \cdot v^{-n}$ 极为相似，它们间的不同在于式（3.23）不仅取决于熔体温度 T，还与气体压力 p 有关。

参 考 文 献

[1] Shapovalov V I. Method for manufacturing porous articles[P]：5181549. 1993-01-26.

[2] Shapovalov V I. Prospective manufacture and aircraft applications of cast metal porous materials[C]. Symposium on State of the Art in Cast Metal Matrix Composites in the Next Millenium at the 2000 TMS Fall Meeting，18-20 October，2000.

[3] Drenchev L，Sobczak J，Sobczak N，et al. A comprehensive model of ordered porosity formation[J]. Acta Materialia，2007，55：6459-6471.

[4] Nakajima H. Fabrication，properties，and applications of porous metals with directional pores[J]. Proceedings of the Japan Academy Ser B Physical and Biological Sciences，2010，86（9）：884-899.

[5] Yamamura S，Shiota H，Murakami K，et al. Evaluation of porosity in porous copper fabricated by unidirectional solidification under pressurized hydrogen[J]. Materials Science and Engineering A，2001，318（1）：137-143.

[6] Park J S，Hyun S K，Suzuki S，et al. Effect of transference velocity and hydrogen pressure on porosity and pore morphology of lotus-type porous copper fabricated by a continuous casting technique[J]. Acta Materialia，2007，55（16）：5646-5654.

[7] Drenchev L，Sobczak J，Sobczak N，et al. A comprehensive model of ordered porosity formation[J]. Acta Materialia，2007，55（19）：6459-6471.

[8] Park J S，Hyun S K，Suzuki S. Fabrication of lotus-type porous Al-Si alloys using the continuous casting technique[J]. Metallurgical and Materials Transactions A，2009，40：406-414.

[9] Nakahata T，Nakajima H. Fabrication of lotus-type porous silicon by unidirectional solidification in hydrogen[J]. Materials Science and Engineering A，2004，384（1-2）：373-376.

[10] Ueno S，Akatsu T，Nakajima H. Fabrication of porous magnesium spinel with directional pores by unidirectional solidification[J]. Ceramics International，2009，35（6）：2469-2473.

[11] Drenchev L，Sobczak J，Malinov S，et al. Gasars：a class of metallic materials with ordered porosity[J]. Materials Science & Technology，2006，22：1135-1147.

[12] Drenchev L，Sobczak J，Asthana R，et al. Mathematical modelling and numerical simulation of ordered porosity metal materials formation[J]. Journal of Computer-Aided Materials Design，2003，10（1）：35-54.

[13] Liu Y，Li Y. Reply to'comments on a theoretical study of the Gasarite eutectic growth'[J]. Scripta Materialia，2005，52（8）：803-807.

[14]　Liu Y，Li Y，Wan J，et al. Metal-gas eutectic growth during unidirectional solidification[J]. Metallurgical & Materials Transactions A，2006，37（9）：2871-2878.

[15]　Yuan L，Yan X L，Jiang W，et al. Evaluation of porosity in lotus-type porous magnesium fabricated by metal/gas eutectic unidirectional solidification[J]. Materials Science and Engineering A，2005，A402（1/2）：47-54.

[16]　Brandes E A，Brook G B. Smithells Metals Reference Book[M]. Oxford：Butterworth-Heinemann Ltd，1992.

第4章 规则多孔铜的制备工艺

4.1 模 铸 法

4.1.1 试验装置及过程

图 4.1 为简单模铸法定向凝固装置炉体内部结构示意图。该装置的极限真空度 6.67×10^{-3}Pa，工作真空度 5.0×10^{-2}Pa，电源功率 60kW，最高熔炼温度 1800℃，

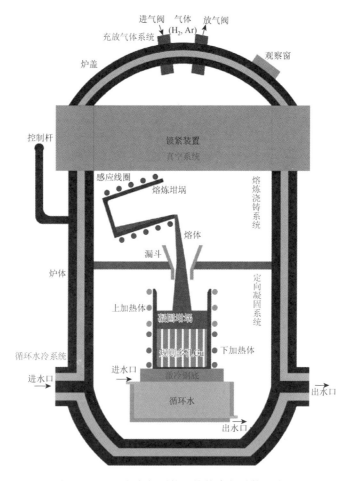

图 4.1 Gasar 定向凝固装置炉体内部结构示意图

保温炉总功率 50kW，保温区可达 40mm，设计最高承压 2.0MPa，炉料质量可达 10kg（以钢计）。

整个 Gasar 定向凝固装置主要由以下五个部分组成。

（1）真空系统：由于考虑到工作气体选择为 H_2，且为避免熔炼时金属的过度氧化，在进行纯铜熔炼和充入气体前，必须保证炉体内为真空状态（试验时定义炉体内真空度达到 $10^{-2}Pa$）。

（2）循环水冷系统：主要保证金属熔炼产生的热量和定向凝固时释放的热量被及时充分地带走。

（3）熔炼浇铸系统：熔炼和浇铸金属。

（4）充放气体系统：在熔炼结束后充入工作气体和辅助气体，并在整个试验结束后放出炉体内的气体，以便打开炉盖取出多孔试样。

（5）定向凝固系统：Gasar 工艺中最重要和最具特征的部分，其主要实现固相金属和气体的共生定向生长。在前期工作中，根据定向凝固的不同实现方式分为简单模铸法和连续铸造法。

简单模铸法具体试验操作步骤如下。

（1）检查、清理定向凝固试验装置：该步骤为 Gasar 试验前的准备工作。主要有：检查隔离阀工作是否正常；检查并清洁炉体外部部件系统；清洁炉体内部，特别是炉盖处真空密封圈、加热线圈、熔炼坩埚、漏斗、保温加热体、铸型和激冷铜座等。

（2）装料：打开装置电源，启动循环水冷系统，打开炉体与真空系统间的隔离阀，将已称量好的高纯铜放入熔炼坩埚，盖紧炉盖，初步锁紧炉体。

（3）抽真空：启动机械泵，打开真空计，当气压达到 10^2Pa 后，进一步锁紧炉盖，继续抽真空至 10^0Pa 后，打开罗茨泵和高真空阀抽真空至 $10^{-2}Pa$。

（4）铸型加热：当炉体内真空度达到 $10^{-2}Pa$ 后，打开上铸型和下铸型加热电源，控制温度到试验考察温度。

（5）熔炼金属：当上、下铸型温度达到试验设定温度后，开启熔炼电源进行熔炼，低温时缓慢加热，高温时提高加热功率使金属熔化并过热到给定温度。

（6）充气：当金属熔化并达到给定过热度后，关闭真空系统、隔离阀和真空计，打开进气阀，充入给定压力的 H_2 和 Ar，然后在给定的过热度下保温 10min，以保证 H_2 充分扩散进入金属熔体，充气结束后关闭进气阀。

（7）浇铸凝固：熔体保温 10min 后，关闭熔炼电源，压下控制杆，将熔体通过石墨漏斗浇入侧壁保温的石墨铸型进行定向凝固，此时关闭铸型侧壁保温系统，等待试样凝固。

（8）泄压取样：当炉内温度降低至室温时，打开放气阀，卸掉炉内气体，打开炉盖，取出试样，最后关闭循环水冷系统。

表 4.1 是简单模铸法制备所得的 Gasar 多孔 Cu 的所有试验的工艺参数。表中，p_{H_2} 和 p_{Ar} 分别表示充入炉体的 H_2 和 Ar 压力；ΔT 为熔体过热度；T_u 和 T_l 分别表示上铸型和下铸型的保温温度。

表 4.1　Gasar 多孔 Cu 试验参数

序号	p_{H_2}/MPa	p_{Ar}/MPa	ΔT/K	T_u/K	T_l/K
1	0.2	0	200	1373	773
2	0.2	0	200	1373	1373
3	0.3	0	200	1373	1373
4	0.4	0	200	1373	1373
5	0.6	0	200	1373	1373
6	0.2	0.2	200	1373	1373
7	0.4	0.2	200	1373	1373
8	0.6	0.2	200	1373	1373
9	0.4	0.4	200	1373	1373

图 4.2～图 4.4 给出了三组有代表性的典型 Gasar 多孔 Cu 试样的纵截面和不同高度处的横截面图。其中，图 4.2 和图 4.3 展示了不同气孔直径的 Gasar 多孔 Cu 试样；图 4.4 为气孔孔径比较均匀的多孔 Cu 试样。

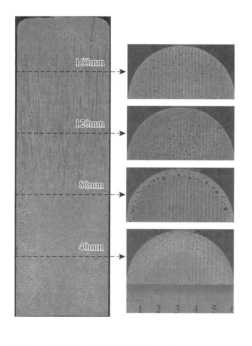 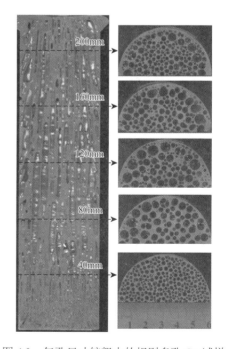

图 4.2　气孔尺寸较细小的规则多孔 Cu 试样　　图 4.3　气孔尺寸较粗大的规则多孔 Cu 试样

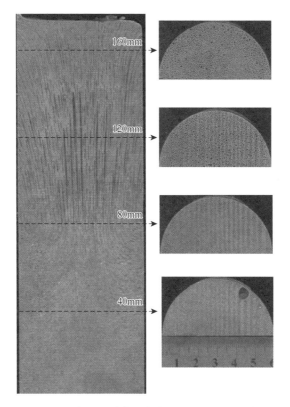

图 4.4　气孔尺寸较均匀的规则多孔 Cu 试样

4.1.2　工艺参数对气孔率的影响

规则多孔金属气孔率的理论预测公式为

$$\xi = \frac{[(1-a)C_H^L\rho_S - C_H^S\rho_L]RT_n}{[(1-a)C_H^L\rho_S - C_H^S\rho_L]RT_n + \rho_L p_{pore}} \tag{4.1}$$

式中，ρ_S、ρ_L、T_n 和 R 均为常数；不同氢分压及不同温度下的 C_H^L 及 C_H^S 可由广泛适用于双原子气体的西韦特定律求得；所以式（4.1）求解的关键在于如何计算气孔内 H_2 的压力 p_{pore}。

取纯铜熔体温度 $T_L = 1556K$；熔点 $T_n = 1356K$，熔体密度 $\rho_L = 8.0g/cm^3$，固相密度 $\rho_S = 8.9g/cm^3$，摩尔气体常数 $R = 8.314J/(mol·K)$；H_2 在纯铜熔体和固相中的溶解度 C_H^L 和 C_H^S 可分别通过式（2.1）和式（2.2）求出。C_H^L 和 C_H^S 是关于温度 T 和氢分压 p_{H_2} 的函数，对于金属熔体，取 T 为熔体温度 T_L；对于金属固相，由于气孔在凝固界面上形核并随界面一起共生长大，故取 T 为金属熔点 T_n。即式（4.1）求解的关键在于如何确定逸出系数 a。

由于 Gasar 多孔 Cu 试样的实际（试验）气孔率可通过阿基米德原理测出，此时如果计算出不同逸出系数 a 下的理论气孔率，那么与实际气孔率数值接近的理论气孔率所对应的逸出系数 a 就为试验时系统的逸出系数。在确定了逸出系数 a 后，就可计算出在相同逸出系数下，不同气体分压 p_{H_2} 和 p_{Ar} 组合对多孔 Cu 气孔率的影响规律曲线，并和试验气孔率进行比较以验证该计算模型的精确度。

图 4.5 给出了 Gasar 多孔 Cu 气孔率理论计算时逸出系数的确定方法，其中图 4.5（b）是图 4.5（a）的局部放大图。由图可知，即使逸出系数接近于零时，

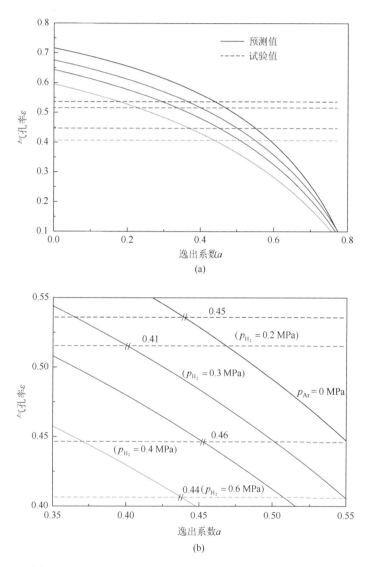

图 4.5 Gasar 多孔 Cu 气孔率理论计算中 H_2 逸出系数的确定

气孔率也低于 0.75，即在本书的试验工艺参数条件下，Gasar 多孔 Cu 的极限气孔率在 0.75 左右。此外，由图 4.5（b）可知，本书试验系统的合理逸出系数 a 取值范围在 0.41～0.46。

图 4.6 和图 4.7 分别给出了逸出系数为 0.46，纯 H_2 气氛和 H_2-Ar 混合气氛下制得的 Gasar 多孔 Cu 的气孔率试验值和理论计算值的比较。由图可知，气孔率理论计算模型所预测结果和试验结果基本吻合。此外，从试验结果和计算结果可以看出，Gasar 多孔 Cu 的气孔率受气体分压 p_{H_2} 和 p_{Ar} 的影响十分显著：在纯 H_2 气氛下，试样气孔率随氢分压 p_{H_2} 的增大而逐渐减小（图 4.6）；在 H_2-Ar 混合气氛下，当 Ar 分压恒定时（图 4.7），理论气孔率随氢分压的增大呈现先增加后减小的趋势，而气孔率的实验值（氢分压为 0.2MPa 和 0.4MPa 时的孔隙率）与理论值差距不大。

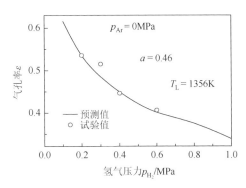 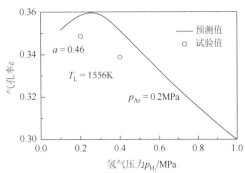

图 4.6　纯 H_2 气氛下制得的 Gasar 多孔 Cu 的　　图 4.7　H_2-Ar 混合气氛下制得的 Gasar 多孔铜
　　　气孔率试验值与理论计算值比较　　　　　　　的气孔率试验值与理论计算值比较

Gasar 多孔 Cu 的气孔率随 p_{H_2} 和 p_{Ar} 变化而演变的规律，可从气体分压对气泡形核生长的驱动和阻碍作用来说明。Gasar 定向凝固时，过饱和的 H_2 从固相中析出，是气泡生长的来源，表现为气泡生长的驱动力；同时作为凝固压力的一部分起到阻碍气泡生长的作用，表现为阻力。Ar 不溶解在熔体中，只作为凝固压力的一部分，起到阻碍气泡生长的作用，只表现为阻力。当 p_{Ar} 一定时，随着 p_{H_2} 增加，气泡生长的阻碍作用增加，气孔率逐渐减小（图 4.6）；当 p_{Ar} 一定时，在初始阶段随着 p_{H_2} 的增加，H_2 提供气泡形核和长大的驱动力增大，气孔率也随着增加，当 p_{H_2} 达到某一临界值后，p_{H_2} 的阻力作用比驱动力作用明显，所以气孔率随之减小（图 4.7）。

4.1.3 工艺参数对气孔尺寸及分布的影响

图 4.8 展示了在纯 H_2 气氛下，不同氢分压 p_{H_2} 对 Gasar 多孔 Cu 试样等高度处（120mm）平均气孔直径 d 的影响。由图可知，随 H_2 压力的增加，气孔的平均直径逐渐减小。图 4.9 为在纯 H_2 气氛下，不同氢分压 p_{H_2} 对多孔 Cu 试样等高度处（120mm）气孔尺寸分布的影响。由图可知，随 H_2 压力的增加，气孔尺寸分布范围变窄，分布均匀性提高。

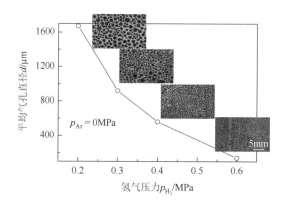

图 4.8　H_2 压力对平均气孔直径的影响及其典型的气孔形貌

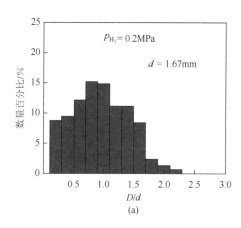

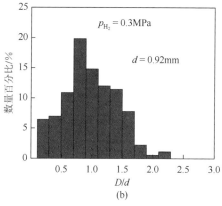

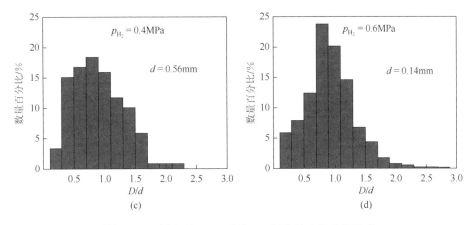

图 4.9　H_2 压力对 Gasar 多孔 Cu 气孔尺寸分布的影响

　　H_2 压力对多孔 Cu 中气孔孔径和气孔尺寸分布的影响规律可从气体压力对气泡形核率的影响来说明。前期研究[1]表明：Gasar 气泡主要以熔体中大量存在的高熔点夹杂为核心形核。在纯 H_2 气氛下，随 H_2 压力的增加，气孔形核所需克服的形核功（由系统能量起伏所补足）减小，从而使高气压系统下的气泡形核更加容易，最终导致系统形核率增大。随气孔的形核率增加，H_2 向每个气孔的扩散量减少，从而导致多孔 Cu 平均孔径下降。

4.1.4　工艺参数对气孔形貌的影响

　　图 4.10 为不同的上、下铸型保温温度对 02H0Ar 试样不同高度处气孔形貌的影响。图 4.11 展示了 02H0Ar 试样在 40mm 和 120mm 高度处横截面的气孔形貌。由图可知，根据不同纵断面高度处气孔的形貌特征，可以把试样分为以下四个区域。

　　（1）激冷区：在试样最底部靠近铸型底的部分，该部分熔体凝固释放的热量很快被水冷铜底导走，从而形成小部分孔径细小的 Gasar 多孔结构。

　　（2）紊乱热流影响区：随试样高度增加（＜40mm），由于下铸型保温温度（773K）远小于金属熔点（1356K），该部分熔体凝固释放的热量除向试样径向经由水冷铜底导出外，还同时向铸型侧壁导出。受紊乱热流的影响，该区域内气孔的定向生长受限，侧向生长严重，且气孔的长度变短，内壁不光滑，圆整度变小，尺寸分布极为不均，如图 4.10 和图 4.11（a）所示。

　　（3）过渡区：指紊乱热流影响区和稳定生长区之间的过渡区。受较低下铸型温度的影响，该区域内靠近铸型附近的气孔也出现侧向生长现象；而远离铸型壁的地方，气孔定向生长趋势良好，气孔尺寸细小。

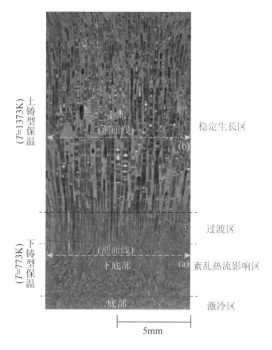

图 4.10　铸型保温温度对 Gasar 多孔 Cu 气孔形貌的影响

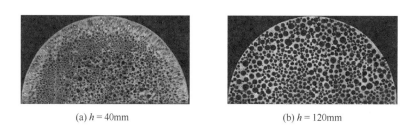

(a) $h = 40\text{mm}$　　　　　　　　　(b) $h = 120\text{mm}$

图 4.11　Gasar 多孔 Cu 试样不同高度处的横截面气孔形貌

（4）稳定生长区：随试样高度的进一步增加（＞80mm），由于铸型上部保温温度增加，侧向导热受抑制，热流主要通过已凝固试样向下导出。较单一的热流使该区域内的气孔随基体共生生长形成典型 Gasar 多孔结构，气孔长度较长，内壁光滑，圆整度较高，如图 4.10 和图 4.11（b）所示。

图 4.12 展示了紊乱热流影响区和稳定生长区内 Cu 基体的典型宏观金相。由之前的分析可知，紊乱热流影响区内热流向四周流动，而基体中晶体的生长方向与热流方向一致，以树枝状生长成为等轴晶，即在紊乱热流影响区内固/液界面的凝固模式为等轴枝晶凝固。而在稳定生长区内，由于热流方向较单一，该区域内

基体晶体生长方向与热流方向相反，以平面状生长为柱状晶，即在稳定生长区内固/液界面的凝固模式可认为是平界面凝固。

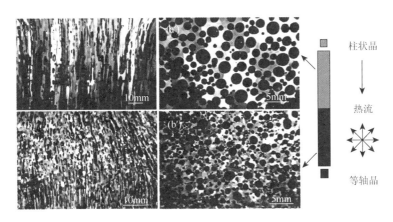

图 4.12　凝固模式对 02H0Ar 试样气孔形貌的影响

不同的固/液界面凝固模式对气孔的结构和定向生长有重大的影响。图 4.13 展示了这两种不同凝固模式下气泡的生长情况。当固/液界面以平界面向前推进时 [图 4.13（a）]，界面对气孔随固相一起向前共生生长的阻力较小，此时很容易获得典型的 Gasar 多孔结构，且气孔较长，内壁光滑，圆整度较大。当固/液界面以等轴枝晶向前推进时 [图 4.13（b）]，界面对气孔随固相一起向前共生生长的阻力很大，导致很多在凝固界面处已经形核的气泡不能顺利长大，只能依附于已经有一定尺寸的气孔一起长大——气孔合并，此时气孔定向生长受限，致使气孔长度变短，内壁不光滑，圆整度变小。

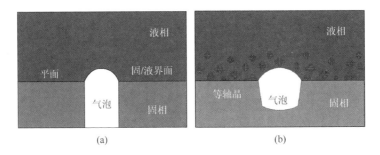

图 4.13　凝固模式对气孔生长的影响机制

为考察气体压力对 Gasar 多孔 Cu 气孔位置分布的影响，选取径向为 120～160mm、横向均为 120mm 的三组试样进行分析。待分析截取试样的编号、工艺参数及相应的气孔结构参数见表 4.2。表中 p_{H_2}、p_{Ar} 和 p 分别表示氢分压、Ar 分压及系统总压；ξ 和 ξ' 分别表示分析试样的整体气孔率和截取试样的气孔率；d' 表示截取试样的平均气孔直径。

表 4.2 Gasar 多孔 Cu 的工艺参数及相应的结构参数

试样	p_{H_2}/MPa	p_{Ar}/MPa	p/MPa	ξ	ξ'	d'/μm
2H0Ar	0.2	0	0.2	0.54	0.51	1771
2H2Ar	0.2	0.2	0.4	0.35	0.23	874
4H2Ar	0.4	0.2	0.6	0.34	0.28	272

在研究气体压力对 Gasar 多孔 Cu 气孔位置分布的影响前，首先对多孔 Cu 试样的纵剖面和横截面进行宏观组织观察（腐蚀剂：40%的硝酸乙醇溶液）。并根据宏观组织特征，定义气孔结构的以下几个参数。

（1）气孔密度数 n：单位面积（10mm×10mm）上的气孔数目。其可由式（4.2）推算得出：

$$\xi' = \frac{S_p}{S} = \frac{n \cdot \pi \left(\dfrac{d'}{2}\right)^2}{S} = \frac{n \cdot \pi d'^2}{4S} \quad (4.2)$$

$$n = \frac{4S\varepsilon'}{\pi d'^2} \quad (4.3)$$

式中，S_p 为单位面积 S（10mm×10mm）上气孔所占面积。

（2）晶界上的气孔密度数 η_{GB}：晶界上的气孔数 n_{GB} 占整个晶体内气孔数（晶体内气孔数 n_G 与晶界上的气孔数 n_{GB} 的和）的比值。其由式（4.4）给出：

$$\eta_{GB} = \frac{n_{GB}}{n_{GB} + n_G} \quad (4.4)$$

（3）晶界处气孔的平均孔径 d_{GB}。

（4）晶内气孔的平均孔径 d_G。

图 4.14 为待分析 Gasar 多孔 Cu 试样横截面的气孔形貌及对应的气孔密度数。由图可知，在相同的横截面高度处，平均气孔直径 d' 随气体压力 p（$p = p_{H_2} + p_{Ar}$）的增大而减小；p_{H_2} 恒定时，气孔密度数 n 随 p_{Ar} 的增加略有增加，但增幅较小；p_{Ar} 恒定时，气孔密度数 n 随 p_{H_2} 的增加显著增加，且增幅较大。

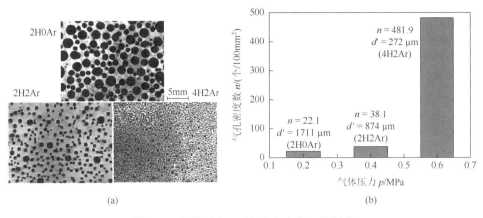

图 4.14　气体压力 p 对气孔密度数 n 的影响

图 4.15 为不同 Gasar 多孔 Cu 试样的宏观金相图。由图可知，当基体固相均以平面状长大形成柱状晶时，较容易得到 Gasar 多孔结构。根据图 4.15 所示的不

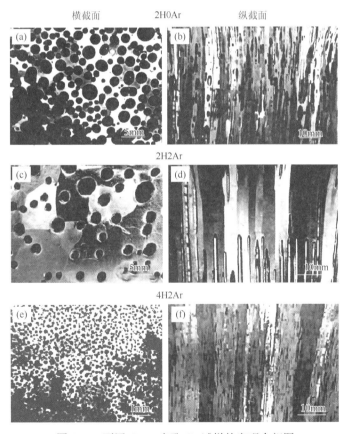

图 4.15　不同 Gasar 多孔 Cu 试样的宏观金相图

同气体压力下的 Gasar 多孔 Cu 的宏观金相图,可统计出气孔在晶界和晶体内部的气孔密度数 η_{GB} 和 η_G,以及相应的气孔尺寸 d'_{GB} 和 d'_G,分别见图 4.16(a)和(b)。由图可知,随压力 p 的增加,晶界气孔密度数 η_{GB} 逐渐下降(0.89—0.61—0.39),这表明随压力的增加,Gasar 多孔 Cu 中气泡的分布位置逐渐从晶界转移到晶体内部。在气孔尺寸方面,晶界处气孔平均直径 d'_{GB} 均大于晶内气孔直径 d'_G;此外,随气体压力 p 增大,晶界处气孔平均直径 d'_{GB} 逐渐向晶内气孔直径 d'_G 靠近,说明随气体压力 p 的增加,气孔尺寸分布越来越均匀。

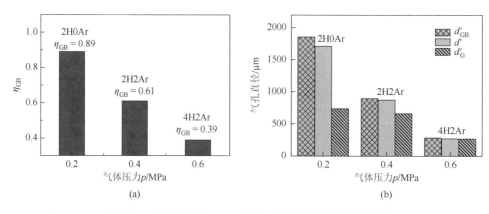

图 4.16　气体压力对 Gasar 多孔 Cu 气孔位置分布的影响

在 Gasar 凝固中,Gasar 多孔结构的获得依赖于固/液界面处气泡的形核和具有临界尺寸的气泡的进一步长大。气泡形核是金属/气体共晶定向凝固的初始阶段,其形核方式及形核位置对应着藕状多孔结构的形成和气孔的分布状态。欲弄清系统气体压力 p 对 Gasar 多孔 Cu 气孔密度数 n、气孔尺寸分布(均匀性)和气孔分布位置的影响机制(图 4.14~图 4.16),须对 Gasar 凝固中气泡的形核及长大过程进行深入分析。根据 2.2.1 节 Gasar 气泡形核机制的分析可知,由于固/液界面上的沟槽及晶界本身的特殊性,Gasar 凝固过程中,气泡将首先在晶界处形核。气泡在晶体内部的形核将以在晶内弥散分布的高熔点杂质为核心异质形核,伴随外界压力的逐渐增大,气泡形核的形核功逐渐减小,气泡在晶内形核的形核率逐渐增加,从而导致随外界压力的增加,气泡的分布位置逐渐从晶界转移到晶体内部。此外,由于固/液界面上的沟槽及晶界本身的特殊性,气泡在晶界处的形核优先于晶内,使得在气泡长大过程中 H 向晶界处气孔扩散量多于晶内气孔,这就导致晶界处气孔平均直径 d'_{GB} 均大于晶内气孔直径 d'_G。而由于随 p($p=p_{H_2}+p_{Ar}$)的增加,气泡形核率增加,H 向单个气孔(晶界和晶内)的扩散量减小,导致试样平均孔径降低,晶界处平均孔径 d'_{GB} 逐渐靠近晶内孔径 d'_G,气孔均匀性增加。

结合 2.2.2 节 Gasar 气泡生长机制的分析，在相同的过热度 ΔT 条件下，当 p_{Ar} 恒定时，随 p_{H_2} 的逐渐增加，虽然 H 在熔体中的溶解度相应增加，但 p_{H_2} 作为气泡生长阻力的部分也在逐渐增加，导致部分在界面上已经形核的气泡并不能随界面一起长大成为气孔，进而导致气孔率随 p_{H_2} 的逐渐增加而减小。此外，当 p_{H_2} 恒定时，随 p_{Ar} 的增加，气泡形核率增加的同时气泡生长的阻力 p_{re} 也增大，从而使部分已达到临界半径 r_n 的气泡并不能随界面一起长大成为气孔，在 p_{H_2} 恒定时，气孔密度数 n 随 p_{Ar} 的增加略有增加，但增幅较小。

4.2　连续区域熔炼法

4.2.1　试验装置及过程

通过连续区域熔炼法制备藕状多孔铜时，处于高温高压的试验环境，且试验使用易燃易爆的高纯 H_2 作为工作气体，危险性较大。因此，对试验装置的耐高温能力、抗高压能力、密封性能、冷却系统的散热能力等各方面的要求都很高。图 4.17 为课题组自行设计研制的真空/高压感应区域熔炼装置的实物图。该装置的主要组成部分有：①真空系统：主要包括机械真空泵、真空阀门、管道和真空计。该系统主要用于对设备进行抽真空处理，也可以在起炉时抽出残余气体。②熔炼系统：主要包括高频感应加热线圈、加热电源。该系统的主要作用为利用高频感应加热线圈所产生的交变电场使金属棒位于线圈中的部分熔化。③冷却系统：主要由水

图 4.17　真空/高压感应区域熔炼装置的实物图

箱、水泵、水管和水冷线圈组成。通过冷却系统来控制炉体温度，避免炉体过度发热，保证设备的安全性。④充放气系统：主要包括进气阀、排气阀、隔离阀、压力表。主要用于导入和导出工作气体与辅助气体，记录炉内气压情况。⑤控制系统：主要组成部分为控制电柜。通过控制系统来调节感应线圈的电压、功率，从而控制试验操作。⑥炉体：由炉盖、试样架、观察窗组成。

图 4.18 为真空/高压感应区域熔炼装置炉体内部结构示意图。该装置的主要参数为：电源功率 30kW，最高熔炼温度 1800℃，极限真空度 6.67×10^{-3}Pa，工作真空度 5.0×10^{-2}Pa，最高可承受压力 2.5MPa，最大抽拉速率 100mm/min，最大牵引距离 1000mm。

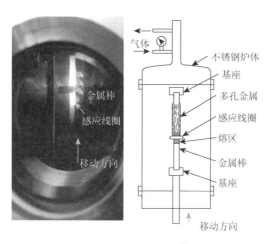

图 4.18　真空/高压感应区域熔炼装置炉体内部结构示意图

采用连续区域熔炼法制备藕状多孔铜的试验参数如表 4.3 所示。表中 v 为抽拉速率；p_{H_2}、p_{Ar} 和 p_{pore} 分别为氢分压、氩气分压和气体总压。

表 4.3　连续区域熔炼法制备藕状多孔铜的试验参数

序号	v/(mm/min)	p_{H_2}/MPa	p_{Ar}/MPa	p_{pore}/MPa
1	15	0.1	0	0.1
2	15	0.2	0	0.2
3	15	0.3	0	0.3
4	15	0.4	0	0.4
5	10	0.2	0	0.2
6	20	0.2	0	0.2
7	30	0.2	0	0.2

序号	v/(mm/min)	p_{H_2}/MPa	p_{Ar}/MPa	p_{pore}/MPa
8	15	0	0.4	0.4
9	15	0.2	0.2	0.4
10	15	0.2	0.1	0.3

连续区域熔炼法制备藕状多孔铜的具体步骤如下。

（1）检查和清理：试验前检查水路和气路是否存在泄漏；检查隔离阀是否能正常工作；打开炉盖，清理炉体，特别是炉盖上的密封圈和观察窗；打开循环冷却系统。

（2）装样：试验原材料选取的是纯度为99.9%、尺寸为Φ8mm×250mm的纯铜棒材。将纯铜试棒表面的氧化皮用砂纸打磨干净后用无水乙醇清洗，吹干后将其两端装夹在试样架两端并从感应线圈中穿过。装上后调整试样架的位置，使纯铜试棒的顶端距感应线圈约20mm，缓慢盖上炉盖并锁紧。

（3）抽真空：关闭进气阀、排气阀，打开隔离阀，启动机械真空泵开始抽真空，当真空度达到100Pa左右时锁紧炉盖，继续抽真空至炉内真空度达到10Pa。

（4）充气：关闭隔离阀和机械真空泵，打开进气阀向炉内缓慢充入纯度为99.99%的高纯H_2和Ar至设定压力值，然后关闭进气阀。

（5）加热熔炼：启动加热电源，缓慢增加功率使处于线圈内部位置的金属纯铜试棒熔化，形成一个10～15mm的熔区；随后，启动牵引机构，带动金属纯铜试棒以设定的速率竖直向上移动，依次穿过感应线圈（使熔区以设定的速率依次通过纯铜试棒），直至纯铜试棒的底端距感应线圈约20mm时，降低功率至最小，关闭加热电源和牵引机构，结束熔炼。此过程要注意控制好功率，保证熔区稳定地通过试棒。

（6）泄压取样：熔炼结束后使试样随炉冷却，待温度降至100℃左右时，打开排气阀，将炉内高压气体排出。当炉内气压接近0.1MPa时，剩余气体无法继续排出，这时需关闭排气阀，并打开隔离阀，再次启动机械真空泵开始抽真空至炉内真空度降至100Pa以下，关闭隔离阀和机械真空泵，打开炉盖锁紧装置，然后再打开排气阀，升起炉盖，取出试样。最后关闭循环冷却系统。

图4.19展示了典型试样的气孔形貌，可以看到圆柱形气孔沿着凝固方向排列，气孔的产生使铜杆的外径有所变大。表4.4为藕状多孔铜的气孔结构特征参数的统计情况，其中ε表示气孔率，d表示平均气孔直径，n表示气孔密度数。

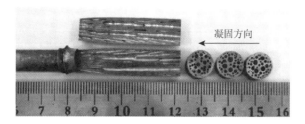

图 4.19　连续区域熔炼法制备的藕状多孔铜典型试样的气孔形貌

$v = 30\text{mm/min}$,　$p_{H_2} = 0.2\text{MPa}$

表 4.4　连续区域熔炼法制备的藕状多孔铜的气孔结构特征参数统计

序号	v /(mm/min)	p_{H_2} /MPa	p_{Ar} /MPa	p_{pore} /MPa	ε /%	d /mm	n /(个/100mm²)
1	15	0.1	0	0.1	18.14	0.89	27.77
2	15	0.2	0	0.2	19.52	0.83	30.54
3	15	0.3	0	0.3	17.00	0.51	73.15
4	15	0.4	0	0.4	16.88	0.42	94.79
5	10	0.2	0	0.2	9.88	0.81	16.06
6	20	0.2	0	0.2	20.93	0.64	56.73
7	30	0.2	0	0.2	23.44	0.64	57.88
8	15	0	0.4	0.4	0	0	0
9	15	0.2	0.2	0.4	6.39	0.21	139.14
10	15	0.2	0.1	0.3	6.64	0.33	62.79

　　图 4.20 为连续区域熔炼法制备的藕状多孔铜在横截面和纵截面的宏观形貌，从图 4.20（a）可以观察到，氢气压力较低时（0.1MPa），气孔数量较少，且气孔尺寸差别较大，均匀性较差；随着氢气压力的增大，气孔数目增加，气孔的尺寸和分布变得更加均匀。从图 4.20（b）可以观察到，随着凝固速率的增大，气孔数量增加。此外，如图 4.20（b）所示，在氢气压力为 0.2MPa，抽拉速率（凝固速率）为 20mm/min 和 30mm/min 的试样纵截面中，均可以观察到有两个或两个以上气孔合并生长的现象，说明大气孔由许多小气孔合并长大形成。从图 4.20（c）中可以观察到，在只有氩气时没有看到气孔，而当气体总压恒定时，随氢分压的增大，气孔尺寸有所增大。

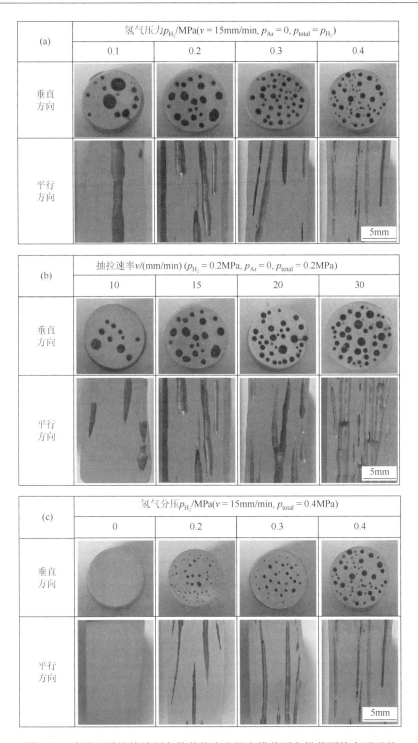

图 4.20 连续区域熔炼法制备的藕状多孔铜在横截面和纵截面的宏观形貌

4.2.2　纯氢气气氛下氢气压力的影响

图 4.21 为纯氢气气氛（$p_{Ar} = 0$MPa）下氢气压力对气孔率的影响规律（$v = 15$mm/min），可以看到，气孔率随氢气压力 p_{H_2} 的增大呈先增大后减小的趋势。在氢气气氛下制备藕状多孔铜的过程中，氢气作为气泡形核生长的气体来源，能够促进气泡形核和生长，从而长大形成圆柱形氢气孔，起到驱动力的作用；然而，氢气同样也是总气压来源的一部分，为气泡的形核和生长提供凝固压力，阻碍气泡形核生长，起到阻力的作用。在氢气压力较低时，气泡的临界形核半径较小，气泡形核更加容易。随着氢气压力的增大，氢气提供的驱动力逐渐增大，在凝固界面前沿参与气泡形核的氢增加，气泡数量增加，此外参与形成气孔的氢增加，气孔直径增大，气孔率也增大。但当氢气压力增大到某一临界值后，氢气造成的阻力作用较其提供的驱动力作用更为明显，因而随着氢气压力的继续增大，气孔率减小。

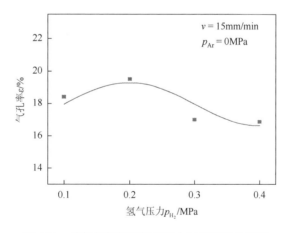

图 4.21　纯氢气气氛下氢气压力对气孔率的影响

图 4.22 为纯氢气气氛（$p_{Ar} = 0$MPa）下氢气压力对气孔直径的影响规律（$v = 15$mm/min）。从图中可以看到，随氢气压力的增大，平均气孔直径减小。此外，随着氢气压力的增大，气孔直径的变化区间逐渐减小，说明气孔的尺寸分布随氢气压力的增大而变得更加均匀。图 4.23 为纯氢气气氛（$p_{Ar} = 0$MPa）下氢气压力对气孔直径分布的影响规律（$v = 15$mm/min）。从图中可以观察到，随着氢气压力的增加，气孔直径的分布范围呈现了逐渐变窄的趋势，气孔直径分布更集中，说明氢气压力的增加使气孔尺寸的均匀性提高了。

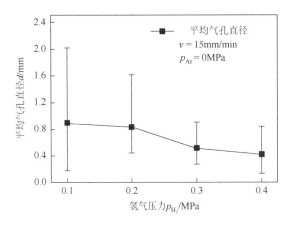

图 4.22 纯氢气气氛下氢气压力对气孔直径的影响

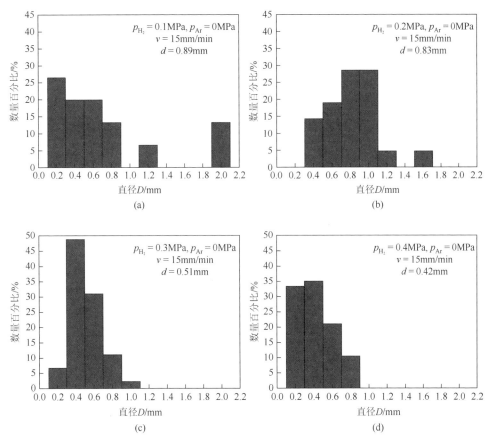

图 4.23 纯氢气气氛下氢气压力对气孔直径分布的影响

　　可以从气体压力对气泡形核率及气泡生长的影响这一角度来说明氢气压力对藕状多孔铜直径的影响规律。前期有研究[1, 2]表明：Gasar 定向凝固制备藕状多孔金属时，气泡的形核形式主要是异质形核，以金属熔体中的高熔点夹杂物为核心进行形核。在连续区域熔炼法制备藕状多孔铜的工艺过程中，氢气孔是通过形核、长大的方式生成的。氢气压力的增大使得气泡形核时需要克服的形核功减小，形核更加容易，从而形核率必然增加。随气孔形核率的增加，气孔数目增加，导致氢气向每个气孔中的扩散量减少，气孔直径减小。此外，氢气压力的增大使气泡生长所需克服的总压力增大，气孔长大变得更加困难，最终导致气孔的平均尺寸减小。在整个定向凝固过程中，气泡形核始终进行着，新生成的气孔直径很小，而先生成的气孔由于气孔自身的长大和相邻气孔间的合并而直径较大，导致气孔尺寸分布不均匀。然而随着氢气压力的增大，气孔平均直径减小，使得新生成的气孔直径与先生成的气孔直径之间的差值缩小，气孔直径的变化区间减小，气孔尺寸的均匀性提高。

　　图 4.24 为纯氢气气氛（$p_{Ar} = 0MPa$）下氢气压力对气孔密度数的影响规律（$v = 15mm/min$）。从图中可以观察到，随着氢气压力的增加，气孔密度数明显增加。氢气压力增大使得气泡形核时需要克服的形核功减小，形核更加容易，气孔数目增加，必然导致气孔密度数增加。

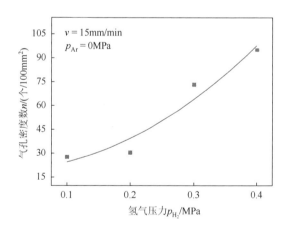

图 4.24　纯氢气气氛下氢气压力对气孔密度数的影响

4.2.3　气体总压一定时氢分压的影响

　　图 4.25 为气体总压恒定的氢氩混合气氛下氢分压对气孔率的影响规律（$p_{total} = 0.4MPa$，$v = 15mm/min$）。由图可以观察到，在气体总压恒定的情况下，随着氢分压的增大，藕状多孔铜的气孔率增大。不同于纯氢气气氛下氢气压力增

大后凝固压力也同样增大，氢氩混合气氛的气体总压是恒定的，氢气压力增大后，由氢气提供给气泡形核和生长的驱动力增大，促使气孔率逐渐增大。

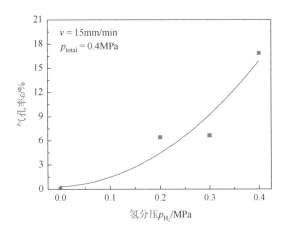

图 4.25　气体总压恒定的氢氩混合气氛下氢分压对气孔率的影响

图 4.26 为气体总压恒定的氢氩混合气氛下氢气分压对气孔直径的影响规律（$p_{total} = 0.4MPa$，$v = 15mm/min$）。从图中可以观察到，在气体总压恒定的情况下，随着氢分压的增大，藕状多孔铜的平均气孔直径增大，但是增大的幅度较小。此外，随着氢分压的增大，气孔直径的变化区间逐渐增大，说明气孔尺寸分布的均匀性随氢分压的增大而降低。

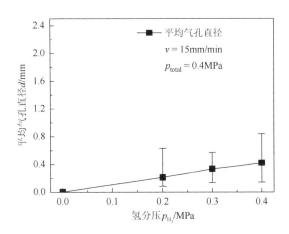

图 4.26　气体总压恒定的氢氩混合气氛下氢分压对气孔直径的影响

图 4.27 为气体总压恒定的氢氩混合气氛下氢分压对气孔直径分布的影响规律（$p_{total} = 0.4MPa$，$v = 15mm/min$）。从图中可以观察到，在气体总压恒定的情况下，

随着氢分压的增大，藕状多孔铜的气孔直径分布区域增大；此外，还可以从图中观察到，氢分压增大后使得各个尺寸区间的气孔所占比例差别减小。这些都说明氢分压的增大破坏了气孔尺寸的均匀性，使得气孔分布的均匀性变差。

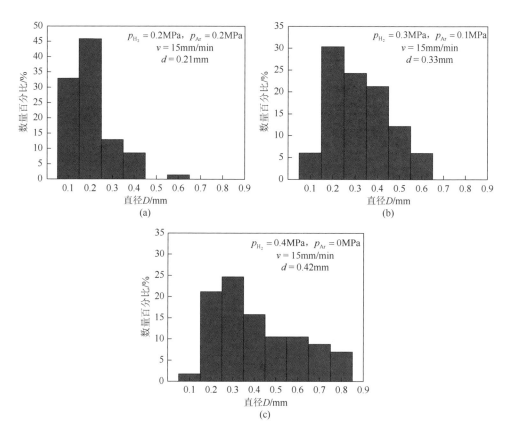

图 4.27　气体总压恒定的氢氩混合气氛下氢分压对气孔直径分布的影响

气孔的直径随氢分压出现这种变化规律有别于纯氢气气氛下氢气压力增长给气孔直径带来的影响。这主要是因为，在纯氢气气氛下，氢气压力增大虽然能够使氢在金属熔体中的溶解度增加，但是氢气压力增大的同时也会伴随着总的凝固压力增大，气泡生长的阻力增大。而在气体总压恒定的氢氩混合气氛下，氢分压的增大会增大气泡形核驱动力，气泡的形核率增加，初始气泡数量增加，这将导致各个气泡之间的间距减小。气泡逐渐长大形成气孔后，气孔与气孔之间的间距减小，气孔发生合并生长的概率增大。气孔的合并长大会使气孔的尺寸变化区间增大，气孔直径的均匀性降低。

图 4.28 为气体总压恒定的氢氩混合气氛下氢分压对气孔密度数的影响规律

（$p_{total} = 0.4MPa$，$v = 15mm/min$）。从图中可以观察到，在气体总压恒定的情况下，随着氢分压的增大，藕状多孔铜的气孔密度数呈现先减小后增大的趋势。

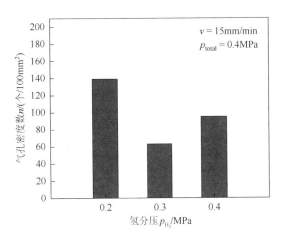

图 4.28 气体总压恒定的氢氩混合气氛下氢分压对气孔密度数的影响

可以从气泡形核率的增加与气孔的合并生长二者之间的相互竞争方面来考虑出现这种气孔密度数变化趋势的原因：在气体总压恒定的氢氩混合气氛下，气泡形核驱动力会随着氢分压的增大而增大，使气泡的形核率增加，初始气泡数量增加，直接导致气孔密度数增加，是气孔密度数增加的有利因素；但是形核率的增加使初始气泡数量增加的同时将导致各个气泡间距的减小，气泡逐渐长大形成气孔后，气孔与气孔之间的间距减小，气孔发生合并生长的概率增大，气孔的合并长大会使气孔数量减少，气孔密度数减小，是气孔密度数增加的不利因素。在氢分压较小时，氢分压增大使形核率增大带来的有利因素要弱于气孔合并生长带来的不利因素，所以气孔密度数减小；随着氢分压的进一步增大，直到超过某个临界值后，氢分压增大使形核率增大带来的有利因素反而强于气孔合并生长带来的不利因素，这时气孔密度数就开始增加。

4.2.4 抽拉速率的影响

在连续区域熔炼法制备藕状多孔金属材料的工艺过程中，凝固速率完全由棒状金属试样的移动速率（即牵引装置的抽拉速率）控制，可认为二者在数值上是相同的，这样就可以基本排除金属自身的热导率和凝固高度对凝固速率的影响，保证整个凝固过程中的凝固速率恒定不变，从而针对不同热导率的金属都可以获得气孔分布比较均匀的藕状多孔金属材料。既然抽拉速率控制着凝固速率，那么抽拉速率作为连续区域熔炼工艺中的重要参数之一肯定会对气孔的结构和形貌产生重要的影响。因此，本节主要介绍连续区域熔炼法制备藕状多孔铜的工艺过程中抽拉速率对气孔结构参数（气孔率、气孔直径及气孔直径分布、气孔密度数）的影响规律。

图 4.29 为纯氢气气氛下抽拉速率对气孔率的影响规律（$p_{H_2} = 0.2\text{MPa}$，$p_{Ar} = 0\text{MPa}$），可以看到，气孔率随抽拉速率的增大而增大。但是，随着抽拉速率的逐渐增大，气孔率增大的幅度逐渐减小，最终基本趋于一致。

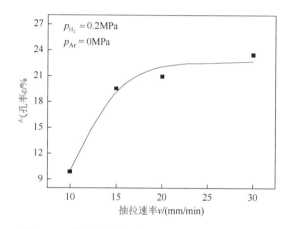

图 4.29 纯氢气气氛下抽拉速率对气孔率的影响

藕状多孔铜的气孔是氢气孔，来自熔融金属铜在凝固时由于氢气在金属铜固、液两相中存在溶解度差而释放的氢气，所以定向凝固过程中从固相中析出的过饱和氢数量对气孔率的影响较大。在连续区域熔炼工艺的凝固过程中，如果熔区的过饱和度较大，在温度降到熔点前氢的浓度就已超过气泡的形核浓度，气泡就会在液相中形核和生长形成气孔，并与固相一起协同定向生长，最后形成沿金属凝固方向单向排列的藕状多孔结构。在模铸法和连续铸造法制备藕状多孔金属的工艺过程中，气孔率主要由氢气在金属固、液两相中的溶解度差决定，而与金属的凝固速率并没有太大的关系。而在本研究的连续区域熔炼工艺中则不同，除了氢气在金属固、液两相中的溶解度差之外，凝固速率对其气孔率也有一定的影响。这是因为在本研究的连续区域熔炼制备工艺中采用高频感应线圈进行加热，直接对处于感应线圈中的金属试棒进行加热熔化，形成一个长度为 10～15mm 的熔区，熔区依靠表面张力的作用来抵抗其受到的重力效应而维持一定的形状，且不发生断裂而滴落。但是高频感应线圈会对金属熔体产生一定的电磁搅拌作用，熔体中析出的氢在固/液界面前沿富集后达到形核浓度会形核并生长形成气泡，这些气泡会由于电磁搅拌作用而产生一定的运动，由于运动的关系，气泡会有很多的机会逃逸到熔体周围环境中。而连续区域熔炼工艺过程中凝固速率完全由抽拉速率控制，所以抽拉速率增大时凝固速率同步增大，能使更多的气泡被凝固界面捕获而保留在金属内部形成气孔，最终导致气孔率增大。

图 4.30 为纯氢气气氛下抽拉速率对气孔直径的影响规律（p_{H_2} = 0.2MPa，p_{Ar} = 0MPa）。从图中可以看到，随抽拉速率的增大，平均气孔直径呈现逐渐减小的趋势。

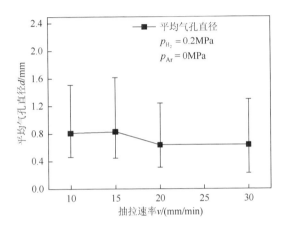

图 4.30　纯氢气气氛下抽拉速率对气孔直径的影响

研究者做了大量关于凝固速率对气孔直径影响的试验和理论研究，气泡的形核率 I 会随着凝固速率（抽拉速率）v 的增大而增大。另外，由于在一定的氢气压力和熔点温度下，固/液界面处的氢量是恒定的，形核率的增大会使扩散至每一个气孔的氢含量减少，进而使每一个气孔的体积减小，从而导致平均气孔直径减小。

此外，当气泡在金属固/液界面前沿形核生成小气泡以后，在小气泡周围的熔体中的氢则会不断地通过扩散进入小气泡中，使其不断生长变长。另外，在气泡或者气孔很小时，气孔内壁所承受的附加压力较大，这就使小气泡或者小尺寸的气孔会在表面能的作用下逐渐长大。而在金属固/液界面前沿从液相中析出的过饱和氢在扩散进入气孔保证气孔长大以外，还必须有足够的余量来维持新气泡形核所需要的形核浓度。这样一来，形核率随抽拉速率（凝固速率）的增大而增大的趋势会逐渐减小，直到达到某个极限值以后，形核率将不再随抽拉速率的增加而进一步增加，最终导致气孔直径的变化基本趋于一致。

图 4.31 为纯氢气气氛下抽拉速率对气孔直径分布的影响规律（p_{H_2} = 0.2MPa，

$p_{Ar} = 0MPa$）。从图中可以看到，各抽拉速率条件下，气孔尺寸主要集中在平均气孔直径附近的范围内，随抽拉速率的增大，气孔直径的分布区间变化不是很大，这一点从图 4.30 中也可以看到，气孔直径的最大值与最小值之间的变化区间随抽拉速率的增大变化并不大，说明抽拉速率（凝固速率）对气孔直径分布并没有太大的影响。

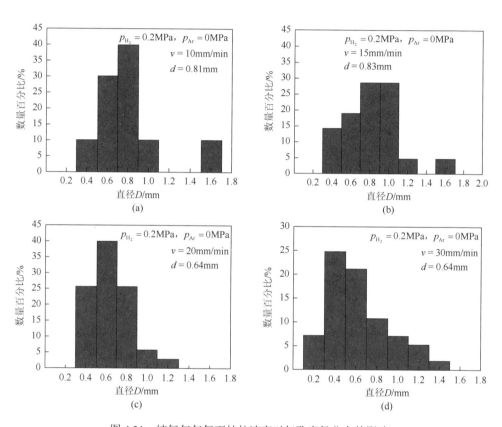

图 4.31　纯氢气气氛下抽拉速率对气孔直径分布的影响

图 4.32 为纯氢气气氛下抽拉速率对气孔密度数的影响规律（ $p_{H_2} = 0.2MPa$，$p_{Ar} = 0MPa$）。从图中可以观察到，藕状多孔铜的气孔密度数随着抽拉速率（凝固速率）的增大而增加。此外，在不同的抽拉速率范围内藕状多孔铜的气孔密度数的变化幅度存在一定的差异：在抽拉速率较低的情况下，气孔密度数随抽拉速率增大而增大的幅度较大，说明其受抽拉速率的影响较大；而随着抽拉速率的继续增大，气孔密度数随抽拉速率增大而增大的幅度逐渐减小，甚至逐渐趋于一致，说明其受抽拉速率的影响越来越小。

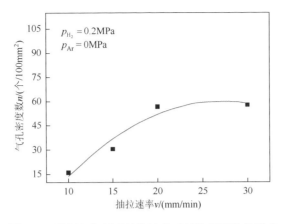

图 4.32　纯氢气气氛下抽拉速率对气孔密度数的影响

4.3　连续铸造法

前期大量研究[1-7]均表明：气孔的尺寸大小和分布均匀性等结构参数是影响 Gasar 多孔金属力学和热学性能的关键因素。为提高多孔金属的性能以满足其潜在工程应用前景，开展 Gasar 多孔金属材料的结构控制研究，获得具有均匀气孔分布的大尺寸藕状多孔金属是目前 Gasar 多孔材料研究的一个新兴方向。

一般制备 Gasar 多孔材料的方法主要是如图 4.1 所示的简单模铸法，该方法简单易行，热量很容易从熔体经凝固试样向水冷铜底传递，然而随凝固的进行，凝固速率的变缓将导致随凝固试样高度的增加孔径逐渐变粗，这就影响了试样整体的气孔率及气孔尺寸分布的均匀性。此外，由于 Gasar 工艺中的凝固速率主要取决于材料本身的热导率，因此对热导率较低的材料而言，较低的固/液界面推进速率将很难捕获足够多的气泡而难以形成藕状多孔结构；即用模铸法很难制备出热导率较低的、有均匀气孔分布和气孔率的 Gasar 多孔材料。为了解决低热导率材料的制备问题，H. Nakajima 引入了一种制备藕状多孔材料的新方法——连续区域熔炼法[1, 5]，该工艺的优点是可以通过改变棒状试样的下降速率来控制凝固速率，从而忽略热传导系数对凝固速率的影响，制备出低热导率、气孔尺寸和气孔率整体分布均匀的藕状多孔材料。然而连续区域熔炼法只适用于较小直径范围内的多孔棒材的制备，很难制备具有工程应用潜力的大尺寸板（圆）坯，且由于其冷却方式的缘故，由该工艺制备的多孔金属气孔侧向生长较为严重。

为进一步优化藕状多孔金属的制备工艺，本书作者所在课题组把连续铸造法引入 Gasar 多孔金属的制备。连续铸造法的优点在于界面推移速率（凝固速率）

完全由抽拉速率决定，而且整个凝固过程中凝固速率均可保持恒定不变，整个凝固过程可以在近似稳态下进行，即在一定的抽拉速率下拉制的藕状多孔连铸试样具有相同的孔洞分布、气孔率等气孔结构参数。连续铸造法为解决制备大尺寸及低热导率的藕状多孔材料指明了方向，目前在国际上对连续铸造法的研究刚起步，相应的研究文献较罕见；基于此，本书作者率先在国内开展了用连续铸造法制备具有均匀孔洞分布的大尺寸 Gasar 多孔材料的试验研究工作。

4.3.1　Gasar 连续铸造法试验装置及过程

　　Gasar 连续铸造法定向凝固装置是整个试验研究的前提和必备条件。图 4.33 展示了课题组自行开发研制的 Gasar 连续铸造法定向凝固装置的示意图。

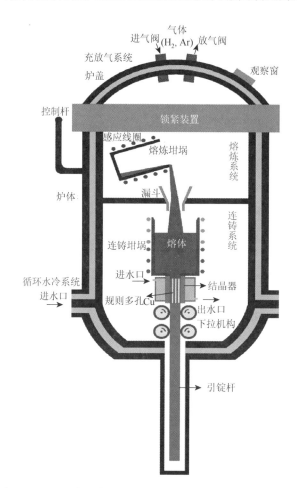

扫一扫　看彩图

图 4.33　Gasar 连续铸造法定向凝固装置炉体内部结构示意图

该装置的极限真空度为 6.67×10^{-3}Pa，工作真空度为 5.0×10^{-2}Pa，电源功率 60kW，最高熔炼温度 1800℃，保温炉总功率 50kW，保温区可达 40mm，设计最高承压 2.0MPa，炉料质量可达 10kg（以钢计）。

与简单模铸法 Gasar 定向凝固装置（图 4.1）相似，连续铸造法 Gasar 定向凝固装置主要由循环水冷系统、熔炼系统、充放气系统和连铸系统四个部分组成。二者间的主要区别主要体现在定向凝固实现方式的不同和连续铸造法装置额外的一套下拉机构上。下拉机构主要控制连铸多孔坯拉出结晶器的速率。连续铸造法 Gasar 定向凝固装置采用课题组自行设计的石墨结晶器及其外包的循环水冷 Cu 环实现定向凝固。显然，结晶器的散热能力是决定连续铸造法 Gasar 装置能否制备 Gasar 多孔金属的关键，为满足试验的研究需要和潜在的工程要求，课题组设计了 Φ15mm 和 80mm×12mm 两种不同截面尺寸的连铸结晶器。

相比于简单模铸法，Gasar 连续铸造法工艺的试验操作过程和相应的工艺参数控制更加烦琐和复杂，且由于易燃易爆气体 H_2 的缘故，在试验前务必保证炉体炉盖密封圈洁净，隔离阀开合正常；试验时谨慎操作，并保持试验场所通风良好。

连续铸造法 Gasar 装置的特点是，炉体内有两个外设加热装置的熔炼坩埚和连铸坩埚，且连铸坩埚底部有一通孔，连续铸造法试验前有一引锭杆通过结晶器塞住该孔，连续铸造时通过下拉机构带动引锭杆下移，金属液流出并在结晶器内凝固，从而实现 Gasar 连续铸造过程的进行。连续铸造法具体试验操作主要由以下步骤构成。

（1）检查、清理定向凝固试验装置：此步骤为 Gasar 试验前的准备工作。主要有：检查隔离阀工作是否正常；检查并清洁炉体外部部件系统；清洁炉体内部，加热线圈、熔炼坩埚、漏斗、保温加热体、铸型和激冷铜座等。

（2）装料：打开装置电源，启动循环水冷系统，打开炉体与真空系统间的隔离阀，将已称量好的金属或合金放入熔炼坩埚，盖紧炉盖，初步锁紧炉体。

（3）抽真空：启动机械泵，打开真空计，当气压达到 10^2Pa 后，进一步锁紧炉盖，继续抽真空至 10^0Pa 后，打开罗茨泵和高真空阀抽真空至 10^{-2}Pa。

（4）连铸坩埚加热及保温：当炉体内真空度达到 10^{-2}Pa 后，打开铸型加热电源，控制连铸坩埚温度达到试验考察温度。为保证连续铸造过程的顺利进行，连铸坩埚内的保温温度应远大于金属和合金的熔点温度。

（5）熔炼金属：当连铸坩埚温度达到试验设定的温度后，开启熔炼电源进行熔炼，低温时缓慢加热，高温时提高加热功率使金属熔化并过热。

（6）浇铸：当熔炼坩埚内的熔体过热到一定温度后，压下控制杆，将金属熔体通过漏斗浇入其下方的连铸坩埚内进一步加热，并达到设定的保温温度。应注意的是，与简单模铸法的熔体过热度（熔炼坩埚内的熔体温度）不同，连续铸造试验中的熔体过热度指连铸坩埚内的熔体过热度。

（7）充气：当连铸坩埚内的熔体达到设定的保温温度后，关闭真空系统、隔离阀和真空计，打开进气阀，充入 H_2 和 Ar 到给定压力，然后在给定的过热度下保温 10min，以保证 H_2 充分扩散进入金属熔体，充气结束后关闭进气阀。

（8）下拉连铸：熔体保温 10min 后，关闭熔炼电源，开启下拉机构，在设定的抽拉速率下，引锭杆逐渐脱离连铸坩埚底部被其堵塞的孔洞，金属熔体在结晶器内凝固，这样，通过下拉杆的牵引就逐渐拉制出 Gasar 多孔金属连铸试样，待连铸坩埚内的金属熔体拉完后，关闭装置电源及下拉机构。

（9）泄压取样：当炉内温度降低至室温时，打开放气阀，卸掉炉内气体，打开炉盖，取出试样，最后关闭循环水冷系统。

根据连续铸造法结晶器横截面尺寸的不同，课题组制备了不同尺寸的 Gasar 多孔 Cu 及其合金试样。为减小工艺制备难度及研究需要，选用截面尺寸较小的 $\Phi15mm$ 的结晶器作为试验研究及相关理论分析的主要对象。表 4.5 是 Gasar 多孔 Cu 试样连续铸造时所采用的工艺参数。表中 p_{H_2} 和 p_{Ar} 分别表示充入炉体的 H_2 和 Ar 压力；ΔT 为熔体过热度；v_s 表示连铸引锭杆抽拉速率。

表 4.5　Gasar 多孔 Cu 连铸试验参数

样品	试样尺寸/mm	p_{H_2}/MPa	p_{Ar}/MPa	ΔT/K	v/(mm/min)
6Cu05	$\Phi15$	0.6	0	200	5
6Cu10	$\Phi15$	0.6	0	200	10
6Cu15	$\Phi15$	0.6	0	200	15
6Cu20	$\Phi15$	0.6	0	200	20
10Cu05	$\Phi15$	1.0	0	200	5
10Cu10	$\Phi15$	1.0	0	200	10
10Cu15	$\Phi15$	1.0	0	200	15
10Cu20	$\Phi15$	1.0	0	200	20

4.3.2　连铸工艺参数对 Gasar 多孔 Cu 结构的影响

Gasar 多孔 Cu 连铸试样为 $\Phi15mm\times600mm$ 的圆杆，其横、纵截面如图 4.34 所示。

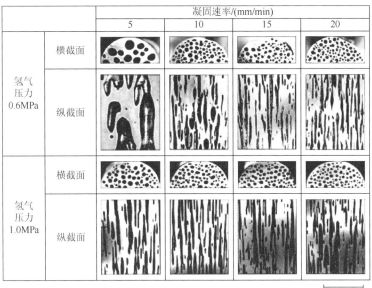

图 4.34　Gasar 多孔 Cu 连铸试样横、纵截面图

由图 4.34 可知，在氢气压力为 0.6MPa、凝固速率为 5mm/min 试样的横截面中，气孔尺寸分布极不均匀，大直径气孔（直径大于 2mm）和小直径气孔同时出现，从纵截面图中发现在大孔的内部还有小孔出现，说明大孔是由许多小孔合并长大而成的；随着凝固速率的不断增大，气孔直径逐渐减小且分布越来越均匀。此外，相同的凝固速率下，气孔直径随氢气压力的增大而减小；说明在多孔 Cu 连续铸造过程中，气孔尺寸不仅与凝固速率有关，还受到氢气压力的影响。

图 4.35 是典型的连铸多孔 Cu 试样的金相显微图。由图可知，多孔 Cu 的显微组织由单一取向且发达的柱状晶组成；气孔沿柱状晶生长方向定向分布于金属基体，且每个晶粒包含几个气孔，但大部分气孔分布在晶界上。造成这种现象的原因可能有以下两点：其一，晶界上空位、位错等缺陷较多，导致溶质原子的扩散速率较快，进而导致晶界附近溶质浓度较高，在发生相变时，气孔比较容易在晶界附近形核和长大；其二，由于气孔和柱状晶的大小在同一数量级范围内，对于在晶内形核和长大的气孔而言，气孔和金属液间的表面能将导致气孔直径逐渐变大，从而使气孔分布逐渐靠近晶界[2]。

图 4.36 给出了 Gasar 多孔 Cu 连铸试样的气孔率 ε 随连铸工艺参数变化的曲线。随 H_2 压力的增加，气孔率降低；然而随着抽拉速率的增加，气孔率却几乎保持不变。这与 S. K. Hyun 和 H. Nakajima[4]用模铸法及 T. Ikeda 等[5]用连续区域熔炼法制备的 Gasar 多孔不锈钢试样的规律一致。

$p = 0.6\text{MPa}$
$v = 20\text{mm/min}$　　　　　$p = 1.0\text{MPa}$
$v = 20\text{mm/min}$

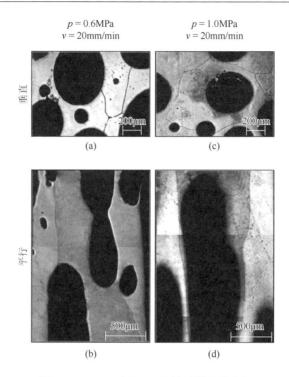

图 4.35　Gasar 多孔 Cu 连铸试样显微金相

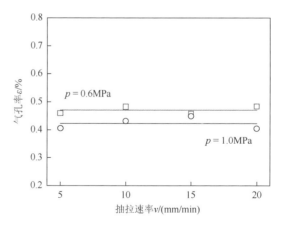

图 4.36　气孔率和抽拉速率的关系

　　Gasar 多孔材料的气孔是由 H_2 在金属固、液两相中的溶解度差造成的——不溶于金属固相的 H_2 随凝固过程的进行不断在固/液界面处富集，当浓度达到临界形核浓度后，气泡形核并随金属固相一起共生生长，从而形成沿凝固方向定向排列的藕状多孔结构，如图 4.34 所示；气孔率主要由 H_2 在固、液两相的溶解度差值决定，而凝固速率（抽拉速率）对气孔率的影响不大。

有关 Gasar 多孔金属气孔率的理论预测，如本书之前所述，S. Yamamura 等[6] 和张华伟[7]做了大量的试验和理论研究，并建立了各自不同的气孔率预测模型。气孔率的理论计算均基于凝固过程中溶质 H 的质量守恒原理，不同点在于对 H 在金属固相中的平均溶解度 $\overline{c}_s$ 的不同认识及后续的求解上：本书及 S. Yamamura 等利用西韦特定律计算 $\overline{c}_s$（$\overline{c}_s = \xi(T_m) \cdot \sqrt{p_b}$，式中 T_m 为金属固相的温度，p_b 为气泡内的压力）；而张华伟等从金属/气体共晶转变的角度认识 $\overline{c}_s$，得到 $\overline{c}_s = k_0 \cdot \overline{c}_L \cdot \rho_S / \rho_L$（式中，$k_0$ 为溶质平衡分配系数；$\overline{c}_L$ 为凝固界面上液相的平均溶质浓度）；通过对凝固界面前沿液相中溶质场的分析求解出 $\overline{c}_L$，并在考虑 H_2 逸出的条件下（定义逸出系数 a 为逸出 H 量与金属液相中溶解 H 量的比值），得到气孔率理论预测模型。后者的最大优点在于对 Gasar 凝固界面前沿溶质场的理解上，其所得到的气孔率理论计算模型是关于气体分压、熔体温度、界面推进速率（凝固速率）和逸出系数的函数，该模型能很全面地反映 Gasar 凝固过程，但缺点在于其计算过程冗长、烦琐。

考虑到抽拉速率（凝固速率）对 Gasar 多孔 Cu 连铸试样气孔率的影响较小，利用式（2.10）表示的理论模型，计算了在本章试验条件下的气孔率变化曲线，如图 4.36 所示。由图可知，理论预测的气孔率和试验数值吻合较好。

此外，由本书第 2 章对气泡形核和长大的机理分析可知，在 Gasar 连铸过程中，由于 H_2 一方面提供气泡形核生长的气体来源——驱动力，另一方面作为凝固压力的一部分起到阻碍气泡形核生长的作用——阻力。在连续铸造试验过程中，随着 H_2 压力的升高，H_2 将更多地体现为阻力，从而导致气孔率随 H_2 压力的升高而减小，该结果与图 4.36 所示的试验结果相似。

图 4.37 和图 4.38 分别给出了 Gasar 多孔 Cu 试样单位面积（5mm×5mm）上的气孔密度数 N 和平均气孔直径 d 随连铸工艺参数变化的曲线。可知，随 H_2 压力及抽拉速率的增大，多孔 Cu 气孔密度数增加，而平均孔径则减小；此外，在不同的抽拉速率范围内气孔密度数和平均孔径的变化幅度不同：在较低的抽拉速率（$v < 15$mm/min）下，二者受工艺参数的影响较大；而随抽拉速率的继续增加，连铸工艺参数对气孔密度数和平均孔径的影响越来越小。

连续铸造技术的优点在于可以通过对抽拉速率的宏观调控来达到对界面推移速率（凝固速率）的微观控制，凝固速率虽对气孔率的影响较小，然而对气孔密度数和孔径却有重要影响。欲弄清 Gasar 连续铸造过程中 H_2 压力和抽拉速率对多孔 Cu 气孔密度数和孔径的影响机理，须引入 Gasar 凝固中气泡的形核机制。

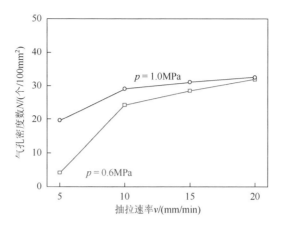

图 4.37　气孔密度数和抽拉速率的关系

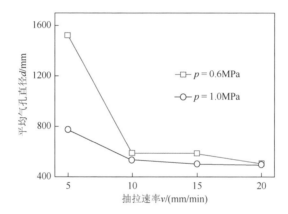

图 4.38　平均气孔直径和抽拉速率的关系

由于气泡均质形核所需的外加压力过大（吉帕级），Gasar 工艺中的气泡大多以金属熔体中存有的大量高熔点杂质和夹杂物为核心进行非均质形核。以平界面上的气泡非均质形核为例，当系统中出现一个半径为 R 的气泡时，其对体系自由能的影响可表示为

$$\Delta G_{\text{hetero}} = \left(4\pi R^2 \sigma_{\text{M-H}} - \frac{4\pi R^3}{3} p_{\text{b}} \right) \cdot f(\theta) \qquad (4.5)$$

式中，$f(\theta)$ 为形状影响因子，对于平界面的非均质形核有[7]

$$f(\theta) = \frac{(2 + \cos\theta)(1 - \cos\theta)^2}{4} \qquad (4.6)$$

对于 Cu-H 体系，取润湿角 $\theta = 134°$；表面张力 $\sigma_{\text{Cu-H}} = 1.31\text{J/m}^2$。根据式（4.5）和式（4.6）可计算出在不同 H_2 压力下气泡在杂质界面上形核时的体系自由能

变化曲线，如图 4.39 所示。根据经典形核理论，自由能曲线上的极大值 ΔG_{hetero}^* 表征形成可连续生长的气泡必须克服的激活能——形核功。从图 4.39 可以看出，随 H_2 压力的增加，气孔形核所需克服的形核功（由系统能量起伏所补足）减小，从而使高气压系统下的气泡形核更加容易，最终导致系统形核率增大。这是随 H_2 压力的增加，多孔 Cu 气孔密度数增加和平均气孔直径下降的主要原因之一。

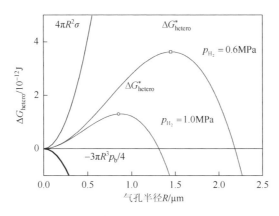

图 4.39　气泡形核时系统吉布斯自由能变化曲线

此外，一旦气泡在固/液界面附近形核，其周围熔体中的溶质 H 将不断扩散进入气孔，使其一方面随金属固相沿凝固方向一起共生生长形成藕状多孔结构；另一方面，由于临界气泡形核半径（10μm 左右）较小，其导致的气孔内壁所受的附加压力（2σ/R）较大（兆帕级），故在表面能的作用下，气孔孔径会逐渐变大。而固/液界面处不溶于固相中的溶质 H 除须扩散进入气孔外，还要维持新气泡形核所必需的形核浓度（气泡形核浓度大于生长浓度），这样将导致形核率在达到一定的极值后就不再随抽拉速率的增加而升高，这时随抽拉速率的进一步增加，气孔密度数和气孔直径的变化将逐渐趋于一致，如图 4.37 和图 4.38 所示。

4.3.3　热力学模型验证

根据第 3 章对金属-氢共晶凝固热力学的分析，建立了一个用来描述 Gasar 工艺中工艺参数对气孔直径及气孔间距影响的理论模型：

$$vl^2 = \sqrt{3}(1-k)\frac{D_H}{p_{pore}} \cdot \frac{\sqrt{\varepsilon}}{(1-\varepsilon)} \cdot \sigma^{s/g}$$

式中，v 为界面推进速率，对连续铸造工艺来说，认为界面推进速率近似等于抽拉速率；l 为气孔间距；k 为溶质分配系数；D_H 为溶质 H 的扩散系数；p_{pore} 为气泡内的氢气压力；ε 为试样气孔率；$\sigma^{s/g}$ 为表面张力。对于 Cu-H 体系，代入表 4.6 所示的相应参数，可从理论上预测 Gasar 多孔 Cu 连铸试样的气孔参数。

表 4.6 Cu-H 体系计算参数[2]

符号	参数	数值	单位
X_L	$2.183 \times 10^{-5} \exp\left(\dfrac{-5.234 \times 10^3}{T}\right) \cdot \sqrt{p_{H_2}}$		摩尔分数
X_S	$1.379 \times 10^{-5} \exp\left(\dfrac{-5.888 \times 10^3}{T_m}\right) \cdot \sqrt{p_{pore}}$		摩尔分数
M_L	铜密度	132200	mol/m³
T_m	铜熔点	1356	K
p_h	静水压力	0.009408	MPa
p_C	毛细压力	0.004720	MPa
D_{H_2}	$10.92 \times 10^{-7} \exp\left(\dfrac{-2148}{RT_m}\right)$		m²/s
R	摩尔气体常数	8.31	J/(mol·K)
$\sigma^{s/g}$	界面能	1.605	J/m²
k	溶质扩散系数	0.35	

对比试验结果与计算结果，二者呈现相同的变化规律，总体吻合良好，这说明该模型具有良好的预测性；但在较低的抽拉速率下，计算结果与试验结果间存在一定的偏差，且该偏差随氢气压力和抽拉速率的增加而逐渐降低，如图 4.40 所示。

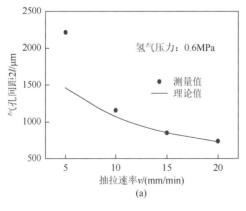

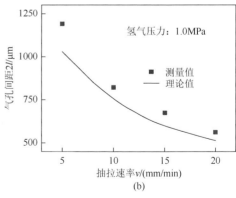

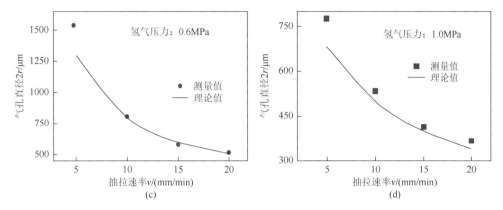

图 4.40　不同抽拉速率条件下制得的 Gasar 多孔 Cu 气孔间距及气孔直径与理论计算值比较

（a）、（b）平均气孔间距；（c）、（d）平均气孔直径

造成这种偏差的原因可从两个方面来解释：其一，由于低抽拉速率下的多孔结构已经偏离理想结构，这可从低抽拉速率（5～10mm/min）下的气孔形貌图 4.34 中看出，此时的多孔试样内部出现了一些由气孔合并造成的大尺寸气孔，从而导致了试样的气孔尺寸分布范围变宽，气孔分布均匀性下降，这样就偏离了理论模型的假设条件——气孔为同一尺寸且分布均匀，最终导致理论计算结果与试验结果存在一定偏差。

其二，与固/液界面附近熔体的对流有关，由于 Gasar 工艺中的气泡一般在界面上形核和长大，而界面附近熔体的对流无疑将会提升溶质氢的扩散；在实际的计算中，由于忽略了熔体对流对氢扩散的影响，因此对氢在铜熔体中扩散系数 D_H 的取值比实际值偏小，最终造成在低抽拉速率下的计算结果比相应的试验结果低。

此外，虽然 D_H 的取值偏小，但在较高的抽拉速率和氢气压力下，计算值与试验值却吻合良好，其原因可解释为：根据式（3.15），较高的抽拉速率和氢气压力下，氢扩散所造成的系统自由能的变化 ΔG_{diff} 也相应升高；对金属-氢共晶而言，由于 x_E 较小，ΔG_{diff} 升高将导致 H 的化学势 $\Delta \mu_H$ 增大［式（3.10）］；而 $\Delta \mu_H$ 的增大将抵消熔体对流所造成 D_H 的取值偏小的影响，如式（3.11）所示。

参 考 文 献

[1]　Nakajima H. Fabrication，properties and application of porous metals with directional pores[J]. Progress in Materials Science，2007，52：1091-1173.

[2]　李再久. 规则多孔铜合金的制备[D]. 昆明：昆明理工大学，2014.

[3]　Apprill J M. Process control of gasar porous metals[D]. Tucson：The University of Arizona，1998.

[4]　Hyun S K，Nakajima H. Effect of solidification velocity on pore morphology of lotus-type porous copper fabricated by unidirectional solidification[J]. Materials Letters，2003，57：3149-3154.

[5] Ikeda T，Aoki T，Nakajima H. Fabrication of lotus-type porous stainless steel by continuous zone melting technique and mechanical properties[J]. Metallurgical and Materials Transactions A，2005，36：77-86.

[6] Yamamura S，Shiota H，Murakami K，et al. Evaluation of porosity in porous copper fabricated by unidirectional solidification under pressured hydrogen[J]. Materials Science and Engineering A，2003，318：137-143.

[7] 张华伟. 金属-气体共晶定向凝固的理论与实验研究[D]. 北京：清华大学，2006.

第5章 规则多孔铜合金的制备

由于纯金属凝固时的固/液界面基本保持为平界面，从而更易获得气孔分布均匀、内壁光滑的 Gasar 规则多孔结构，因此目前国内外的研究工作很大部分都基于纯金属基体上的气孔结构控制方向[1-14]。然而一般纯金属多孔材料的力学性能较差，特别是不能满足其在高温领域的应用要求，如用于制备高强度热沉及火箭燃烧室的高温冷凝器等，因此合金化作为改善 Gasar 多孔金属综合性能的有效方法受到了越来越多的关注。然而合金本身具有一定的固/液温度区间，导致其在凝固时的固/液界面很难保持为平界面，这种凝固行为的改变将对多孔材料气孔结构的规则性产生重大影响[15, 16]。此外，由于 Gasar 工艺中的凝固速率主要取决于材料本身的热导率，因此对热导率较小的合金而言，较低的固/液界面推进速率将很难捕获足够多的气泡而形成 Gasar 多孔结构。基于以上两点原因，用常规制备方法——简单模铸法很难制备出具有规则气孔结构的 Gasar 多孔合金。

为解决 Gasar 多孔合金的尺寸和结构控制问题，以满足其在各个潜在领域的应用要求，H. Nakajima 相继引入了连续区域熔炼法和连续铸造法。连续区域熔炼法的工艺优点是可以通过改变棒状试样的下降速率来控制凝固速率，从而忽略热传导系数对凝固速率的影响，制备出热导率低的、气孔尺寸和气孔率整体分布均匀的 Gasar 多孔金属；然而从现有的连续区域熔炼法所制备的 Gasar 多孔不锈钢及碳钢试样来看，该工艺只适用于较小直径范围内的多孔棒材的制备，很难制备具有工程应用潜力的大尺寸板（圆）坯，且由于其冷却方式的缘故，用该工艺制备的多孔金属气孔侧向生长较为严重，从而影响了多孔金属的气孔定向性[17, 18]。

与连续区域熔炼法相似，连续铸造工艺也可以通过对其引锭杆抽拉速率的宏观调节来达到对金属或合金凝固速率的微观控制。此外，从理论上讲，用连续铸造法制备的多孔金属的长度可不受限制，且还可通过改变结晶器的形状来制备不同形状（如棒状、板状）的多孔连铸试样。这样一来就可实现 Gasar 多孔金属的大规模制备，为其工业上的大规模应用奠定坚实基础。从制备工艺发展的趋势来看，连续铸造法是 Gasar 多孔金属制备工艺发展的趋势。综上，连续铸造法为解决大尺寸的、具有规则气孔结构的 Gasar 多孔合金指明了方向，目前国际上对连续铸造法的研究刚起步，相应的研究成果较少，且研究主要集中在纯铜、共晶系的 Al-Si 和 Al-Cu 合金上[15-18]，对于其他合金系特别是凝固行为相对简单的单相合金系的研究尚未见报道。基于此，鉴于 Cu 及其合金优异的导热性能和优良的机械性能，本课题组以单相 Cu-Zn 和 Cu-Ni 合金为研究对象，在国内率先开展了用连续铸造法制备 Gasar 多孔合金的试验研究工作。本章涵盖以下研究内容：①简要介绍连续铸造法制备 Gasar 多孔 Cu-Zn、Cu-Ni 合金的工艺参数和合金试样形貌；②探讨合金元素含量对 Gasar 多孔合金结构的影响机制；③连续铸造法制备大尺寸（横截面：80mm×12mm）多孔 Cu 及合金试样展示。

5.1　Cu-Zn 合金

5.1.1　连续铸造法制备试验工艺参数

连续铸造法使用的定向凝固装置如图 4.33 所示。根据连铸结晶器横截面尺寸的不同，课题组制备了不同尺寸的 Gasar 多孔 Cu 及其合金试样。为研究需要及减小工艺制备难度，选用截面尺寸较小的 $\Phi15mm$ 的结晶器作为试验研究及相关理论分析的主要对象，而截面尺寸为 80mm×12mm 的结晶器主要用来体现课题组在大尺寸 Gasar 多孔金属上的工艺制备能力。表 5.1 和表 5.2 分别是 Gasar 多孔 Cu-Zn 和 Cu-Ni 试样连续铸造时所采用的工艺参数。表中 C_{Zn} 和 C_{Ni} 分别表示 Zn 和 Ni 在 Cu-Zn 和 Cu-Ni 合金中的质量分数；p_{H_2} 和 p_{Ar} 分别表示充入炉体的 H_2 和 Ar 压力；ΔT 表示熔体过热度；v_s 表示连铸引锭杆抽拉速率。

表 5.1　Gasar 多孔 Cu-Zn 连续铸造试验参数

试样	铸型尺寸/mm	C_{Zn}/%	p_{H_2}/MPa	p_{Ar}/MPa	ΔT/K	v_s/(mm/min)
6Cu2Zn15	$\Phi15$	2	0.6	0	200	15
6Cu2Zn20	$\Phi15$	2	0.6	0	200	20
6Cu2Zn25	$\Phi15$	2	0.6	0	200	25
6Cu6Zn20	$\Phi15$	6	0.6	0	200	20
6Cu10Zn20	$\Phi15$	10	0.6	0	200	20
2H1Ar6Zn20	80×12	6	0.2	0.1	200	20

表 5.2　Gasar 多孔 Cu-Ni 连续铸造试验参数

试样	铸型尺寸/mm	C_{Ni}/%	p_{H_2}/MPa	p_{Ar}/MPa	ΔT/K	v_s/(mm/min)
6Cu2Ni15	$\Phi15$	2	0.6	0	200	15
6Cu6Ni15	$\Phi15$	6	0.6	0	200	15
6Cu10Ni15	$\Phi15$	10	0.6	0	200	15
6H6Ni20	80×12	6	0.6	0	200	20

5.1.2   抽拉速率对气孔结构的影响

图 5.1 展示了抽拉速率对多孔 Cu-2Zn 合金试样气孔率和平均气孔直径的影响。由图可知，在多孔 Cu-2Zn 合金试样中，较低的合金含量对气孔的规则性和均匀性影响较小，气孔沿下拉（凝固）方向规则定向排列于基体金属中，且随抽拉速率的增高，气孔率略有增加，气孔直径逐渐减小且气孔分布更为均匀（图 5.2）。在 Gasar 凝固过程中，凝固界面前沿金属熔体的温降会使熔体中饱和溶解的 H 变得过饱和，当过饱和度较大时，使得尚未降温到熔点温度而熔体原始浓度就已超过气泡的形核浓度，气泡就会在液相中形成，当气泡长大到其上浮速率 v_p 大于凝固界面推进速率（凝固速率）v_s 时，这些气泡就会从熔体中逸出[12]，如图 5.3 所示。

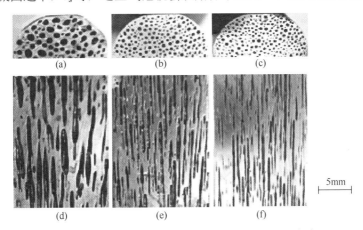

图 5.1   不同抽拉速率下制备的藕状多孔 Cu-2Zn 合金

（a）、（d）15mm/min；（b）、（e）20mm/min；（c）、（f）25mm/min

对于气泡在熔体中的运动规律，前期[19]研究表明：当雷诺数 $Re<2$ 时，气泡呈球形，其行为与刚性球相似，此时球形气泡的上浮速率 v_p 可由斯托克斯（Stokes）公式计算得到：

$$v_p = \frac{r_p^2}{18\mu} g(\rho_L - \rho_G)$$

（5.1）

式中，r_p 为气泡直径；μ 为熔体黏度；ρ_L 和 ρ_G 分别为熔体和气体的密度。对于低合金成分的 Cu-2Zn 合金，取 $\mu = 4.0\text{mPa·s}$，$\rho_L = 8.0\text{g/cm}^3$[12]；$\rho_G$ 可根据理想气体定律换算得到。从而根据式（5.1）可求出 Gasar 工艺中不同直径的气泡在合金熔体中的上浮速率 v_p，然后把对应的 r_p 和 v_p 代入式（5.2）进行雷诺数验证：

$$Re = \frac{r_p \cdot v_p \cdot \rho_L}{\mu}$$

（5.2）

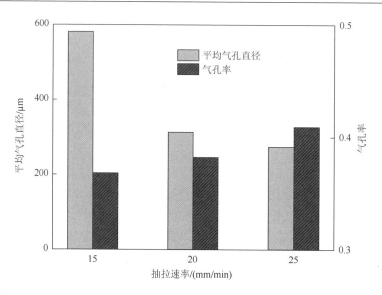

图 5.2　抽拉速率对连续铸造 Cu-2Zn 合金试样平均气孔直径和气孔率的影响

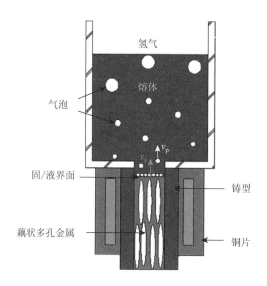

图 5.3　Gasar 连续铸造工艺中 H_2 溢出示意图

　　图 5.4 展示了通过 Stokes 公式计算和相应雷诺数验证的气泡直径和其上浮速率间的关系。在较大的气泡直径范围内(Gasar 工艺中气泡形核直径范围一般在 0~20μm[1]),可用 Stokes 公式计算气泡的上浮速率,且随气泡直径的不断增大,气泡上浮速率逐渐增加。由于在相同的气压条件下,界面附近气泡的形核半径一致,那么随着抽拉速率 v_s(凝固速率)的增加,从熔体中逸出的 H_2 量必将减少,即被

凝固界面捕获参与形成藕状结构的气泡必定增加，最终就导致了气孔率随着抽拉速率的增加而略有上升，如图 5.2 所示。

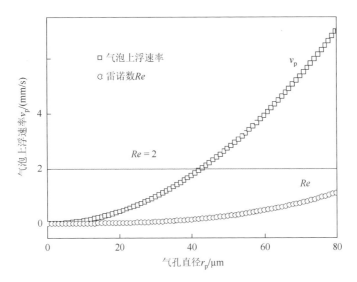

图 5.4　由 Stokes 定律计算的气泡上浮速率和气泡直径的关系

有关抽拉速率（凝固速率）对气孔直径的影响，根据本书 4.3.2 节，其影响机理为：随着抽拉速率的增加，气孔的形核率增加。而在一定的过热度和 H_2 外压下，固/液界面处参与形核的 H_2 为恒量，随着气孔的形核率增加，H_2 向每个气孔的扩散量减少，从而导致多孔合金平均孔径下降，如图 5.2 所示。

5.1.3　Zn 含量对气孔结构的影响

图 5.5 展示了在相同的抽拉速率（$v_s = 20$mm/min）下，Zn 含量对 Gasar 多孔 Cu-Zn 合金气孔形貌的影响。

由图可看出，在较低的 Zn 含量（<6%）下，气孔在多孔合金中的分布较为规则和均匀，而在多孔 Cu-10Zn 合金试样中，气孔的规则性和均匀性变差，气孔内壁变粗糙，气孔数目急剧下降。图 5.6 为 Zn 含量对多孔 Cu-Zn 合金气孔直径和气孔率的影响，由图可知，随 Zn 含量的增加，多孔合金试样的气孔直径逐渐变大，而气孔率呈现先减小后增大的趋势。凝固方式对 Gasar 多孔金属的气孔结构有重大影响：对 Gasar 纯金属凝固而言，由气体所造成的成分过冷非常小，固/液界面可以视为平界面，平界面对气泡随固相一起生长的阻碍很小，导致当金属以平界面方式凝固时更易获得气孔分布均匀、内壁光滑的藕状结构。而对合金而言，合金具有固/液温度区间，导致在固/液界面前沿形成一个"糊状区"，"糊状区"的宽度 l 由式（5.3）给出：

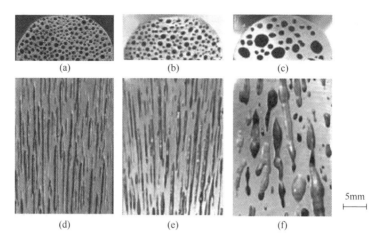

图 5.5　v_s = 20mm/min 时 Zn 含量对藕状多孔 Cu-Zn 合金气孔形貌的影响

（a）、（d）Cu2Zn；（b）、（e）Cu6Zn；（c）、（f）Cu10Zn

$$l \approx \frac{(T_L - T_S)}{G_L} = \frac{\Delta T}{G_L} \tag{5.3}$$

式中，ΔT 为液相线温度 T_L 和固相线温度 T_S 间的温度间隔；G_L 为液相的温度梯度。在相同的保温温度和抽拉速率下，可认为液相温度梯度 G_L 一致，即对于本书试验来说，合金凝固界面前沿的糊状区宽度主要取决于固液相线的温度间隔 ΔT。图 5.7 展示了 Cu-Zn 平衡相图富 Cu 端的情况，由图可知随 Zn 含量的增加，固液相线的温度间隔 ΔT 逐渐增大，糊状区的宽度也增大。

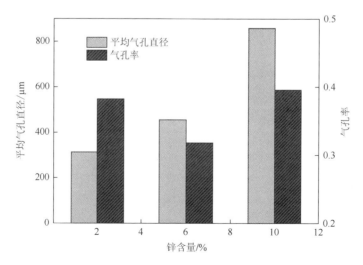

图 5.6　Zn 含量对连铸 Cu-Zn 合金试样平均气孔直径和气孔率的影响

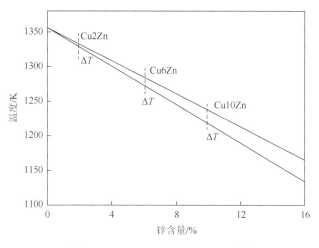

图 5.7　Cu-Zn 平衡相图富 Cu 端[20]

图 5.8 为气泡在不同宽度糊状区下长大的示意图。由于糊状区内固相的比例随温度的增加而减小，在 Zn 含量较低时 [图 5.8（a）]，气泡上方糊状区内的固相较少，其对气泡纵向长大的阻碍也相对较小，导致在低合金成分下气孔结构依然是规则和均匀的藕状结构，如图 5.5（a）和（d）所示。然而随糊状区宽度的进一步增大 [图 5.8（b）]，气泡上方糊状区内的固相越来越多，气孔纵向长大的阻力也就越来越大，导致很多在凝固界面处已经形核的气泡不能顺利长大或只能依附于已经具有一定尺寸能稳定生长的气孔一起长大——气孔合并，从而导致随 Zn 含量的增加，气孔数目下降，而气孔孔径逐渐增大，且气孔内壁粗糙，如图 5.5（c）和（f）所示。

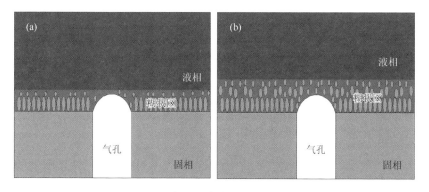

图 5.8　不同糊状区宽度对气孔生长的影响

由于 Gasar 多孔材料的气孔率主要由定向凝固过程中不溶于固相中的 H_2 量

（固、液两相中的溶解度差）决定，因此可从 Zn 含量对 H_2 在合金中溶解度的影响角度来解释多孔合金气孔率随 Zn 含量的变化。前期研究表明，随着 Zn 含量的增加，H_2 在 Cu-Zn 合金熔体中的溶解度不断降低。在 Zn 含量较小（<6%）时，糊状区对气孔结构的影响较小，溶解度的降低导致溶解度差减小，即可供气孔形核和长大的 H_2 量变少，因此随 Zn 含量的增加，Gasar 多孔 Cu-Zn 合金试样的气孔率下降。而随着 Zn 含量的进一步增大，固/液界面前沿的"糊状区"扩大，阻碍了 H_2 的逸出，这样导致扩散进入气孔的 H_2 的量也就越多，进而导致 Cu-10Zn 合金气孔率增大，如图 5.6 所示。

5.2　Cu-Ni 合金

图 5.9 展示了试验制备的 Gasar 多孔 Cu-Ni 合金连铸试样。由图可知，较低的 Ni 含量对气孔结构的影响较小，在多孔纯铜和 Cu-2Ni 合金试样中，气孔沿下拉（凝固）方向规则定向排列于金属基体中，气孔尺寸分布较为均匀；而随 Ni 含量的进一步增加，其对气孔结构的影响逐渐增强，在多孔 Cu-6Ni 合金试样中，直径为数十微米的"小气孔"和数毫米的"大气孔"不均匀分布于金属基体，且相邻气孔合并粗化现象明显；与 Cu-6Ni 合金不同，多孔 Cu-10Ni 合金试样中小直径气孔显著减小，气孔合并现象愈加明显。

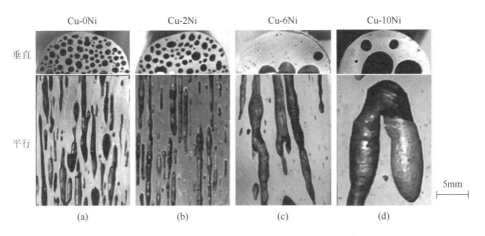

图 5.9　Gasar 连铸多孔 Cu-Ni 合金的气孔形貌

在 Gasar 定向凝固中，根据工艺条件的不同，合金会出现不同的凝固模式，按照固/液界面的不同，分为四种类型：平面凝固、胞状晶凝固、柱状枝晶凝固和等轴枝晶凝固，如图 5.10 所示。

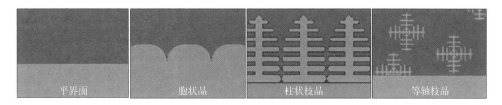

图 5.10 合金不同凝固模式示意图

　　试验中随 Ni 含量的增加，多孔 Cu-Ni 合金气孔结构的规则性和均匀性逐渐恶化，这与合金凝固模式的变化有关[14]。图 5.11 为不同 Ni 含量的多孔 Cu-Ni 合金的显微组织，对 Gasar 多孔纯 Cu 而言，由气体所造成的成分过冷度非常小，固/液

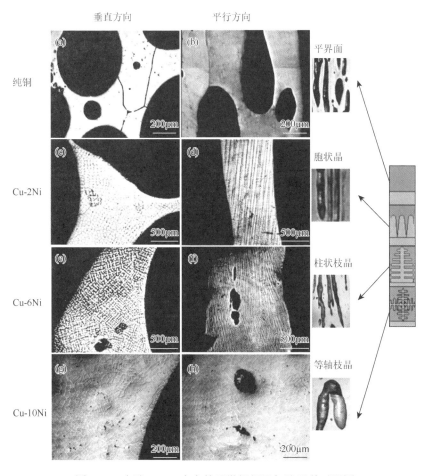

图 5.11 多孔 Cu-Ni 合金的显微组织及气孔形貌对照图

界面可以视为平界面；在 Cu-2Ni 合金中，固/液界面为胞状晶凝固 ［图 5.11（c）和（d）］；而在 Cu-6Ni 和 Cu-10Ni 合金中，固/液界面分别为柱状枝晶和等轴枝晶凝固 ［图 5.11（e）～（h）］。即随 Ni 含量的增加，合金凝固方式按平界面—胞状晶—柱状枝晶—等轴枝晶的规律逐渐转变。

此外，合金具有一定的固液温度区间，导致其在凝固时的固/液界面前沿会形成一个糊状区，糊状区的宽度 l 由式（5.3）给出。如前分析可知，在相同的保温温度和抽拉速率下，可认为液相温度梯度 G_L 一致，即对于本书试验来说，合金凝固界面前沿的糊状区宽度主要取决于温度间隔 ΔT。图 5.12 展示了 Cu-Ni 平衡相图富 Cu 端的情况，由图可知随 Ni 含量的增加，固液温度间隔 ΔT 逐渐增大，即糊状区的宽度随 Ni 含量的增加逐渐增大。

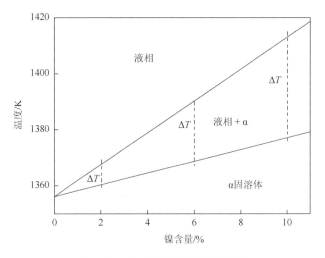

图 5.12 Cu-Ni 平衡相图富 Cu 端

由于合金化后 Gasar 多孔 Cu-Ni 合金的尺寸分布极不均匀，从气孔稳定生长的角度出发，选取抽拉速率相同的纯铜气孔直径作为比较对象，经试验测得的多孔合金一次枝晶（胞晶）间距及其和气孔直径的比值见表 5.3。可知，气孔直径是胞状晶间距的 16 倍左右，是柱状枝晶一次间距的 5.6 倍。通过比较显微组织和多孔合金气孔结构的关系（图 5.11），并和对应的糊状区宽度相结合，可知随 Ni 含量的增加，合金凝固模式的改变和糊状区宽度的增加是 Gasar 多孔 Cu-Ni 合金气孔结构不规则的主要原因。

表 5.3　一次枝晶（胞晶）间距 *d'*（*d*）和多孔纯铜气孔直径 *D* 的比值

试样	平均尺寸/μm	$D/d(d')$
气孔直径 D（纯铜）	612	
胞晶间距 d（Cu-2Ni）	37.8	16.2
一次枝晶间距 d'（Cu-6Ni）	109.3	5.6

5.3　大尺寸 Gasar 多孔 Cu 及其合金

如前所述，Gasar 连续铸造工艺的优点之一在于可以制备具有潜在工业应用背景的大尺寸多孔金属。目前报道的最大的 Gasar 多孔金属板坯横截面为 30mm×10mm[21]，在前期对小尺寸（Φ15mm）连铸多孔试样试验制备和理论研究的基础上，课题组成功制备了截面积为 80mm×12mm 的 Gasar 多孔 Cu、Cu-6Zn 和 Cu-6Ni 合金连铸试样，为低成本制备多孔板坯奠定了坚实的技术基础，如图 5.13 所示。

大尺寸 Gasar 多孔金属的气孔结构特征与前期小尺寸多孔试样的规律一致：对于多孔 Cu 而言，可以通过对工艺参数的调节来达到对气孔结构参数的有效控制；对于 Zn 含量较低的多孔 Cu-6Zn 合金来说，其气孔结构规则，分布均匀；而由于凝固方式和糊状区的缘故，导致多孔 Cu-6Ni 合金的气孔尺寸分布极不均匀。

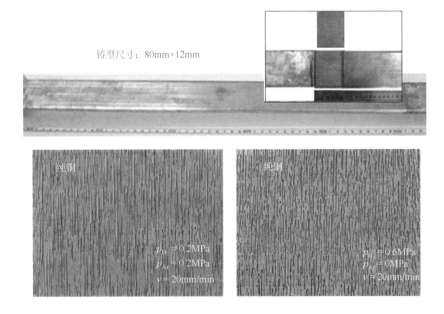

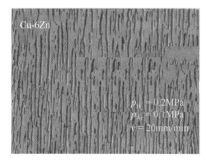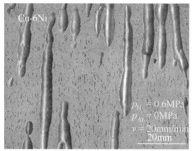

图 5.13　大尺寸 Gasar 多孔 Cu 及其合金连铸试样

横截面：80mm×12mm

5.4　规则多孔 Cu-Cr 合金

5.4.1　制备试验工艺参数

表 5.4 为 Gasar 多孔 Cu-xCr 合金制备的试验工艺参数，包括凝固速率、氢气压力、熔体保温温度和保温时间。表中 p_{H_2} 为冲入炉体内氢气的压力，ΔT 为熔体的过热度，t 为保温时间，h 为铸型底厚，T_u 和 T_l 分别为上铸型和下铸型的保温温度。

表 5.4　Gasar 多孔 Cu-xCr 合金试验工艺参数

序号	Cr 质量分数/%	p_{H_2}/MPa	ΔT/K	t/min	h/mm	T_u/K	T_l/K
1	0	0.6	200	10	5	1373	1373
2	0.3	0.6	200	10	5	1373	1373
3	0.5	0.6	200	10	5	1373	1373
4	0.8	0.6	200	10	5	1373	1373
5	1.0	0.6	200	10	5	1373	1373
6	1.3	0.6	200	10	5	1373	1373
7	1.3	0.5	200	10	5	1373	1373
8	1.3	0.4	200	10	5	1373	1373
9	1.3	0.3	200	10	5	1373	1373
10	1.3	0.2	200	10	5	1373	1373
11	1.3	0.1	200	10	5	1373	1373
12	1.8	0.6	200	10	5	1373	1373

Gasar 工艺中凝固速率是继气体压力、熔体温度和保温时间之后又一重要参数。它会影响气孔直径与气孔尺寸分布。S. K. Hyun 等曾对 $p_{H_2}=0.4\text{MPa}$、$p_{Ar}=0.7\text{MPa}$、$T_l=1473\text{K}$ 工艺条件下 Gasar 多孔 Cu 的凝固速率进行了测定[22]，研究结果表明，

当水冷铜盘上加垫 5mm 厚石墨片时，凝固速率是 1.185mm/s，而在石墨片与水冷铜盘之间加垫 1mm 厚陶瓷片时，凝固速率是 0.697mm/s。同时还发现，平均孔径、气孔率随凝固速率的增大而减小，孔隙密度则随凝固速率的增大而增加。可通过解析法求得传热微分方程，表明各参数之间的内在联系。

5.4.2　Gasar 多孔 Cu-xCr 合金的气孔形貌及气孔结构

图 5.14 是氢气压力为 0.6MPa 时，纯氢气气氛中制备得到的多孔 Cu-xCr 合金试样（x = 0.3%、0.5%、0.8%、1.0%、1.3%、1.8%）的纵剖面和 75mm 高处横剖

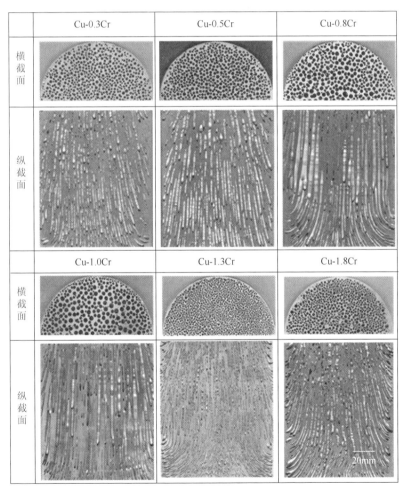

图 5.14　多孔 Cu-xCr 合金的气孔形貌

氢气压力：0.6MPa

面的气孔形貌。多孔 Cu-xCr 试样的气孔定向生长较好，气孔规则均匀。气孔结构参数：气孔直径为 0.1～3mm，孔长 0.1mm～60cm，长径比为 1～600，气孔率为 34%～45%。添加合金元素 Cr 后，与多孔 Cu 相比，多孔 Cu-xCr 合金的平均气孔直径增加。

　　当多孔 Cu-xCr 合金成分从单相（$x = 0.3\%$、0.5%）、亚共晶成分（$x = 0.8\%$、1.0%）、共晶成分（$x = 1.3\%$）向过共晶成分（$x = 1.8\%$）演变时，气孔的形貌、气孔率和平均气孔直径均发生较大的变化。

　　多孔 Cu-xCr 合金的试验气孔率随 Cr 含量的变化规律如图 5.15 所示，由图可知，气孔率随 Cr 含量的增加呈先增大后减小的变化趋势。当合金成分超过共晶成分时（多孔 Cu-1.3Cr），试验气孔率略有下降。

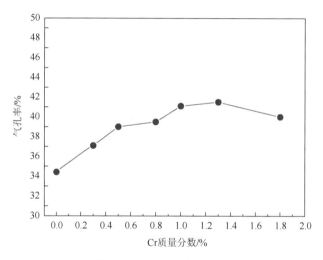

图 5.15　Cr 含量对多孔 Cu-xCr 合金试验气孔率的影响

氢气压力：0.6MPa

　　图 5.16 给出了多孔 Cu-xCr 合金的气孔直径随 Cr 含量的变化规律。随 Cr 含量的增加，气孔直径先增大后减小再增大。当 Cr 含量为 0.8% 时，气孔直径具有最大值，之后开始减小，接近共晶成分 1.3% 时，气孔直径最小，当 Cr 含量为 1.8% 时又升高。

　　图 5.17 展示了氢气压力从 0.1MPa 到 0.6MPa 变化时，多孔 Cu-1.3Cr 合金纵剖面和 75mm 高处横剖面上的气孔形貌。当氢气压力较小时，多孔 Cu-1.3Cr 合金的气孔定向生长受限，气孔长度较短，内孔壁也不光滑，圆整度下降，甚至不能形成规则的气孔，部分气孔呈竹节状，如图中 0.1MPa、0.2MPa 和 0.3MPa 氢气压力下的多孔 Cu-1.3Cr 合金试样。当氢气压力增大时，多孔 Cu-1.3Cr 合金的气孔随

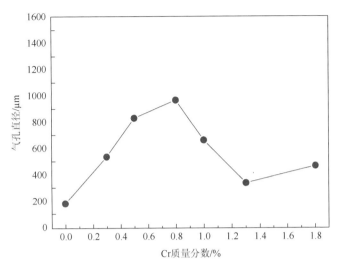

图 5.16　Cr 含量对多孔 Cu-xCr 合金气孔直径的影响

氢气压力：0.6MPa

基体逐渐趋向于规则生长，气孔长度增加，内壁光滑，圆整度增加，并且气孔的分布也更趋于规则均匀，如图中 0.4MPa、0.5MPa 和 0.6MPa 的氢气压力下制备的试样。

综合来看，随氢气压力的增大，多孔 Cu-1.3Cr 合金的气孔直径显著减小，气孔密度增加，同时气孔趋于规则均匀。在纯氢气条件下，增大氢气压力有利于多孔 Cu-1.3Cr 合金获得均匀的孔尺寸和孔分布。

多孔 Cu-1.3Cr 合金的试验气孔率随氢气压力的变化关系如图 5.18 所示，随氢气压力的增加，试验气孔率先增加后减小，当氢气压力超过 0.4MPa 后，试验气孔率略有下降，这与高压下会有少量的氢气逸出有关。

图 5.19 是多孔 Cu-1.3Cr 合金的气孔直径随氢气压力的变化关系。气孔直径随氢气压力的增大而急剧减小，这与高压下气泡形核率的增加有关。

随氢气压力的增大，多孔 Cu-1.3Cr 合金 75mm 高处横剖面上气孔直径和尺寸分布情况如图 5.20 所示。从图中可以看出，当氢气压力增大时，气孔尺寸分布范围变窄，分布均匀性升高。此外，随氢气压力的增加，气孔直径减小、气孔率降低，使气孔之间的相互影响作用减小，有利于气孔的空间分布更加均匀。

同时，从多孔 Cu-1.3Cr 合金的气孔密度数 n 随氢气压力的变化关系（图 5.21）中还可以知道，随氢气压力的增大，气孔密度数 n 增大；气孔密度数 n 越大，气孔分布越均匀。

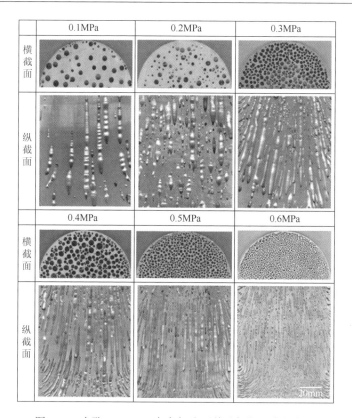

图 5.17　多孔 Cu-1.3Cr 合金气孔形貌随氢气压力的变化

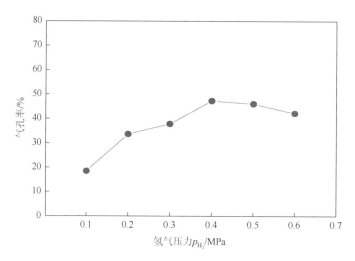

图 5.18　多孔 Cu-1.3Cr 合金试验气孔率随氢气压力的变化关系

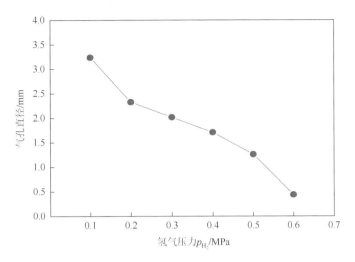

图 5.19 多孔 Cu-1.3Cr 合金气孔直径随氢气压力的变化关系

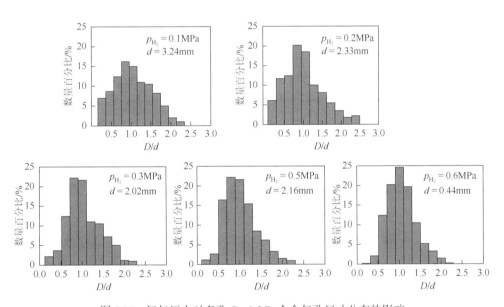

图 5.20 氢气压力对多孔 Cu-1.3Cr 合金气孔尺寸分布的影响

随氢气压力的增加，多孔 Cu-1.3Cr 合金的气孔间距 L 减小（图 5.22）。氢气压力越大，气孔直径和气孔间距越小，气孔变得狭小而细长，且变得更加均匀。从图 5.23 多孔 Cu-1.3Cr 合金气孔长径比 δ 随氢气压力的变化关系中也可以看到，气孔长径比 δ 随氢气气压的增大而增大。

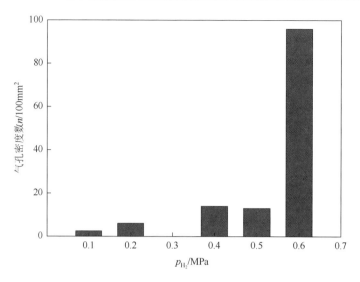

图 5.21　氢气压力对多孔 Cu-1.3Cr 合金气孔密度数 n 的影响

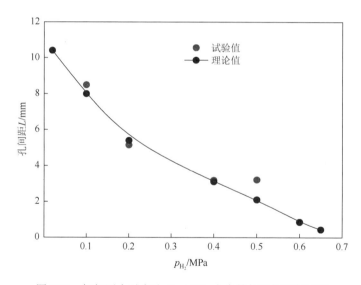

扫一扫　看彩图

图 5.22　氢气压力对多孔 Cu-1.3Cr 合金的气孔间距的影响

　　Gasar 结构的固相生长符合经典 Jackson-Hunt 共晶生长模型中的最小过冷度原则[23]，孔间距 L 不仅与凝固速率有关，还与温度 T 和气压 p 有关[24, 25]，可用式（5.4）表示为

$$v \cdot L^2 = \frac{1.9 M_M \sigma_{SL} T_E}{-m_L F_2 \Delta H_m \rho_S (1 - \sqrt{\varepsilon})} \tag{5.4}$$

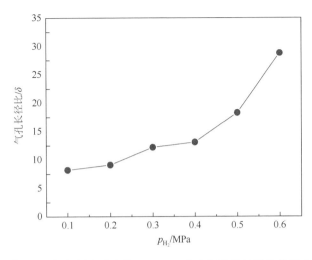

图 5.23　氢气压力对多孔 Cu-1.3Cr 合金气孔的长径比的影响

式中，m_L 为相图中液相线的斜率（负值），K·m³/mol；ρ_S 为金属固相的密度，kg/m³；M_M 为金属的摩尔质量，kg/mol；σ_{SL} 为固-液相间界面能，J/m²；ΔH_m 为金属的摩尔熔化焓变，J/mol；T_E 为共晶温度，K；F_2 为合金系和保温温度及压力决定的常数。本试验中凝固速率 $v = 2.5$mm/s，参考表 5.5 中数据，计算得到理论气孔间距 L，与试验气孔间距进行比较（图 5.22），吻合较好。理论气孔间距与试验气孔间距均随压力的增大而减小，氢气压力越大，气孔直径越小，孔隙密度越大，气孔变得狭长而细小，气孔分布也更加均匀。

表 5.5　计算参数[2]

参数	m_L/(m³/mol)	M_M/(kg/mol)[26]	ρ_S/(kg/m³)[26]	ΔH_m/(J/mol)[26]	σ_{SL}/(J/m²)[27]
数值	−0.01026	63.546×10^{-3}	8.9×10^3	13462	0.256

图 5.24 表示了 Cr 含量对多孔 Cu-xCr 合金纵截面金相显微组织的影响。可以看出，随 Cr 含量的逐渐增加，显微组织从粗大的 α-Cu 平面晶 [图 5.24（a）] 转变为胞状晶 [图 5.24（b）、（c）]，到胞状晶 [图 5.24（d）] 进而转变为发达的柱状枝晶 [图 5.24（e）、（f）]。以上显微组织的变化说明，随着 Cr 含量的增加，合金的凝固模式发生了平面晶—胞状晶—柱状枝晶转变。图 5.25 表示了 Cr 含量对 Cu-xCr 合金横截面金相显微组织的影响。尽管合金的凝固模式发生了很大变化，但气孔的规则性和圆整度，如前所述（图 5.17），并没有发生显著改变。

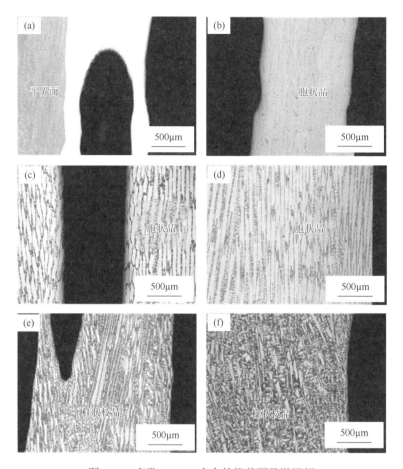

图 5.24   多孔 Cu-xCr 合金的纵截面显微组织

从铸锭底部 75mm 处，氢气压力为 0.6MPa
合金中的铬含量分别为（a）0.3%，（b）0.5%，（c）0.8%，（d）1.0%，（e）1.3%和（f）1.8%

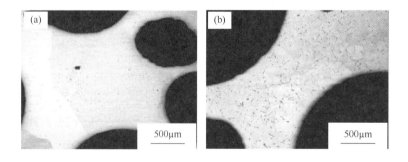

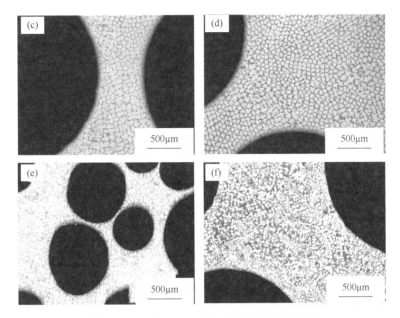

图 5.25　多孔 Cu-xCr 合金的横截面显微组织

从铸锭底部 75mm 处，氢气压力为 0.6MPa

合金中的铬含量分别为（a）0.3%，（b）0.5%，（c）0.8%，（d）1.0%，（e）1.3%和（f）1.8%

　　对基体组织进行放大观察（图 5.26），可以看到多孔 Cu-xCr 合金（x = 0.3%、0.5%）的金相组织为 α-Cu 和少量的 Cr［图 5.26（a）和（b）］。多孔 Cu-xCr 合金（x = 0.8%、1.0%）金相组织为初生 α-Cu 和共晶组织［图 5.26（c）和（d）］，其中白色区域为初生 α-Cu，灰色区域为共晶组织，二者沿凝固方向呈纤维状排列并与气孔定向生成，共晶组织的体积随 Cr 含量的增加而增大。多孔 Cu-1.3Cr、Cu-1.8Cr 合金的金相组织［图 5.26（e）和（f）］中包括 α-Cu 相、共晶组织和 Cr。但随 Cr 含量的增加，Cr 由于存在偏聚现象，体积增大，有的形成梅花状。

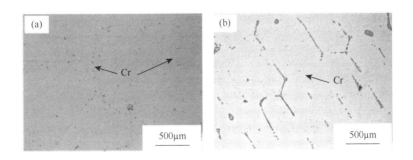

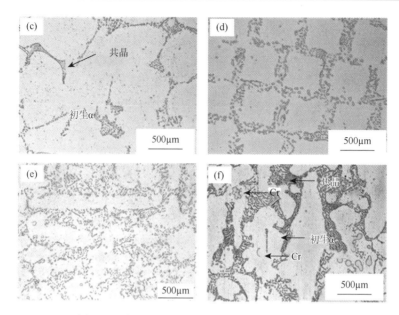

图 5.26　多孔 Cu-xCr 合金基体的横截面显微组织

从铸锭底部 75cm 处，氢气压力为 0.6MPa

合金中的铬含量分别为（a）0.3%，（b）0.5%，（c）0.8%，（d）1.0%，（e）1.3% 和（f）1.8%

同时从图 5.26 中还可以观察到即使是在含 0.3Cr 的合金中，也可以观察到 Cr 粒子 [图 5.26（a）]。随着 Cr 含量的增加，共晶组织开始在晶胞间隙（或枝晶间隙）中形成，并且数量越来越多 [图 5.26（b）～（e）]。当 Cr 含量达到 1.8% [图 5.26（f）]，超过共晶成分（1.28%）时，可以观察到初生的 Cr 质点位于 α-Cu 的中央。尽管 Cr 含量已经超过了共晶成分，但是由于 Cu-Cr 系合金具有伪共晶的性质，其显微组织仍然具有亚共晶系合金的特点。从整体上看，初生 α-Cu 及共晶组织沿凝固方向呈纤维状排列并与气孔定向生长，随着 Cr 含量的增加，合金中可能会析出共晶组织，初生 Cr，但是从整体上看，气孔结构仍然比较规则。

参 考 文 献

[1]　刘源. 金属-气体共晶定向凝固制备藕状多孔金属基础研究[D]. 北京：清华大学，2003.

[2]　张华伟. 金属-气体共晶定向凝固的理论与实验研究[D]. 北京：清华大学，2006.

[3]　Nakajima H. Fabrication，properties and application of porous metals with firectional pores[J]. Progress in Materials Science，2007，52：1091-1173.

[4]　Nakajima H. Fabrication，mechanical and physical properties，and its application of lotus-type porous metals[J]. Materials Transactions，2019，60：2481-2489.

[5]　刘源，李言祥，张华伟. 藕状多孔结构形成的压力条件和气孔尺寸的演变规律[J]. 金属学报，2005，41（8）：886-890.

[6]　刘源，李言祥，张华伟. 金属/气体共晶定向凝固工艺参数对藕状多孔金属结构的影响[J]. 稀有金属材料与工程，2005，34（7）：1128-1130.

[7]　Liu Y，Li Y X，Wan J. Evaluation of porosity in lotus-type porous magnesium fabricated by metal/gas eutectic unidirectional solidification[J]. Materials Science and Engineering A，2005，402：47-54.

[8]　Liu Y，Li Y X. A theoretical study of gasarite eutectic growth[J]. Scripta Metallurgica，2003，49（5）：379-386.

[9]　Drenchev L，Sobczak J，Malinov S，et al. Discussion of "a theoretical study of gasarite eutectic growth"[J]. Scripta Metallurgica，2005，52：799-801.

[10]　Liu Y，Li Y X. Reply to "comments on a theoretical study of gasarite eutectic growth"[J]. Scripta Metallurgica，2005，52：803-807.

[11]　张华伟，李言祥，刘源. 固-气共晶定向凝固中的工艺判据[J]. 金属学报，2007，43（6）：589-594.

[12]　Drenchev L，Sobczak J，Sobczak N，et al. A comprehensive model of ordered porosity formation[J]. Acta Materialia，2007，55：6459-6471.

[13]　Hyun S K，Murakami K，Nakajima H. Anisotropic mechanical properties of porous copper fabricated by unidirectional solidification[J]. Materials Science and Engineering A，2001，299（1-2）：241-248.

[14]　Hyun S K，Nakajima H. Anisotropic compressive properties of porous copper produced by unidirectional solidification[J]. Materials Science and Engineering A，2003，340：258-264.

[15]　Park J S，Hyun S K，Suzuki S，et al. Fabrication of lotus-type porous Al-Si alloys using the continuous casting technique[J]. Metallurgical and Materials Transactions A，2009，40：406-414.

[16]　Jiang G R，Liu Y，Li Y X. Influence of solidification mode on pore structure of directionally solidified porous Cu-Mn alloy [J]. Transactions of Nonferrous Metals Society of China，2011，21：88-95.

[17]　Ikeda T，Aoki T，Nakajima H. Fabrication of lotus-type porous stainless steel by continuous zone melting technique and mechanical properties[J]. Metallurgical and Materials Transactions A，2005，36：77-86.

[18]　Kashihara M，Hyun S K，Yonetani H，et al. Fabrication of lotus-type porous steel by unidirectional solidification in nitrogen atmosphere [J]. Scripta Materialia，2006，54：509-512.

[19]　崔忠圻. 金属学与热处理[M]. 北京：机械工业出版社，2003.

[20]　Szekel Y J. Fluid Flow Phenomena in Metals Processing[M]. New York：Academic Press，1979.

[21]　Park J S，Hyun S K，Suzuki S，et al. Effect of transference velocity and hydrogen pressure on porosity and pore morphology of lotus-type porous copper fabricated by a continuous casting technique[J]. Acta Materialia，2007，55：5646-5654.

[22]　Hyun S K，Nakajima H. Anisotropic compressive properties of porous copper produced by unidirectional solidification[J]. Materials Science and Engineering A，2003，340：258-264.

[23]　Park C，Nutt S R. Metallographic study of GASAR porous magnesium[J]. Materials Research Society Symposium Proceeding，1998，521：315-320.

[24]　Hoshiyama H，Ikeda T，Nakajima H. Fabrication of lotus-type porous magnesium and its alloys by unidirectional solidification under hydrogen atmosphere[J]. High Temperature Materials and Process，2007，26（4）：303-316.

[25]　Gokcen N. The Cu-Mn（copper-manganese）system[J]. Journal of Phase Equilibria and Diffusion，1993，14（1）：76-83.

[26]　Ogushi T，Chiba H，Nakajima H，et al. Measurement and analysis of effective thermal conductivities of lotus-type porous copper[J]. Journal of Applied Physics，2004，95（10）：5843-5847.

[27]　张华伟，李言祥，刘源. 氢在 Gasar 工艺中常用纯金属中的溶解度[J]. 金属学报，2007，43（2）：113-118.

第 6 章 规则多孔铜的力学性能

国内外关于规则多孔金属的制备和力学行为的研究报道很少，尤其是关于力学性能测试和力学行为模拟结果的报道[1-5]相对较少。规则多孔铜的制备不仅给多孔材料提供了新的制备方法，并为铜作为功能材料的应用开拓了新领域。目前关于规则多孔铜的理论研究还处在探索阶段，对其的制备工艺研究尚未形成系统理论，但通过控制气体-金属共晶定向凝固过程中的工艺参数可以实现结构参数的控制。规则多孔铜以其优良的物理特性具有作为散热功能材料的潜力，若再使其具有优异的力学性能，那么在工业领域中的应用就更有价值，应用领域也就更广泛。因此，进一步研究结构参数对规则多孔铜力学行为的影响规律具有深刻的实际意义和理论价值。

6.1 规则多孔铜的拉伸行为

6.1.1 拉伸试验

由于受到所制备规则多孔铜尺寸的限制，拉伸试样在满足试验精度要求的情况下试样尺寸应尽可能小。按照《金属材料 拉伸试验 第 1 部分：室温试验方法》（GB/T 228.1—2010）将试样设计为矩形横截面比例试样，试样的标距为 14mm，横截面为 2mm×3mm，如图 6.1 所示。拉伸试样的方向与气孔轴向分别成 0°、45° 和 90°角，以便用来研究规则多孔铜的力学性能，并考察其拉伸性能的各向异性。

室温下在 AG-IS 10kN 万能试验机上进行拉伸试验，拉伸速率设为 1mm/min，用延伸计测量拉伸位移。试验过程中可记录下拉伸载荷-位移曲线，用表观横截面面积除载荷可得到工程应力，用原始标距除位移可得到工程应变，以应变为横坐标、应力为纵坐标得到应力-应变曲线。曲线没有明显的屈服平台。取 $\sigma_{0.2}$ 作为材料的屈服强度，取最大的应力作为材料抗拉强度 σ_b。

为了观察拉伸试样断口形貌，分析其断裂方式和断裂特征，将断后的试样在扫描电子显微镜 XL30ESEM-TMP 上进行断口扫描分析。对不同气孔率和拉伸方向的试样断口进行不同放大倍数的观察，得到某一区域不同放大倍数的扫描图片。在拉伸试样上取部分材料镶嵌处理后研磨金相，用成分为 3g $FeCl_3$、10mL HCl 和 100mL H_2O 配制好的腐蚀液腐蚀后，在徕卡光学显微镜下观察多孔铜的金相组织。按要求制备规则多孔铜试样，进行 X 射线衍射试验，分析其晶粒的生长情况。

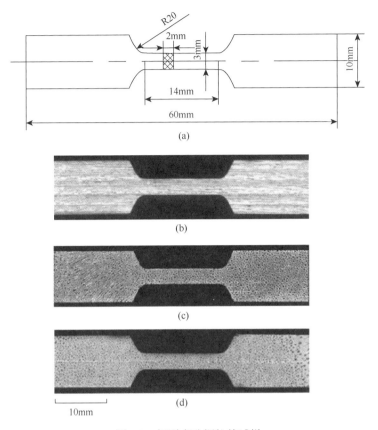

图 6.1　规则多孔铜拉伸试样

（a）拉伸试样尺寸；（b）0°方向；（c）45°方向；（d）90°方向

6.1.2　拉伸行为

图 6.2（a）和（b）分别为气孔率约为 0.31 和 0.37 的规则多孔铜在拉伸方向与气孔轴向成 0°、45°和 90°角的应力-应变曲线。从整体上看，规则多孔铜的拉伸应力-应变曲线和致密铜拉伸时应力-应变曲线的趋势一样，大致分为弹性阶段、屈服阶段、形变强化阶段和颈缩断裂阶段。在试样产生初始应变时，规则多孔铜在拉伸载荷的作用下发生弹性变形。接着进入屈服阶段产生塑性变形，在屈服过程中没有明显的屈服平台，屈服现象不太明显，其屈服强度用规定残余伸长应力 $\sigma_{0.2}$ 来衡量。然后进入形变强化阶段，随着应变的增加，应力增加很大，达到抗拉强度之后，拉伸试样出现颈缩，由于颈缩以后试样横截面积减小，载荷相应减小，工程应力减小，直到材料发生完全断裂。

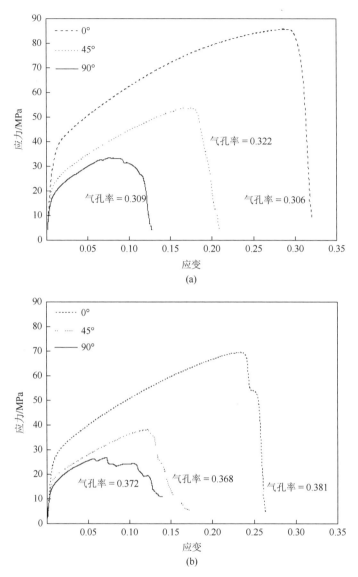

图 6.2　不同拉伸方向下规则多孔铜的应力-应变曲线

（a）气孔率约为 0.31；（b）气孔率约为 0.37

　　从图 6.2 中可以发现，由于拉伸方向与气孔轴向的角度不同，拉伸应力-应变曲线有所不同。0°方向拉伸时，与致密金属材料拉伸相似，曲线比较光滑，而 45°和 90°方向的拉伸曲线在应力达到抗拉强度之后出现波浪锯齿，90°方向的拉伸曲线波浪锯齿状特别明显。这是由于在不同方向拉伸时，气孔在拉伸过程中对基体产生了不同的应力集中作用，波浪锯齿越明显，气孔对基体的应力集中程度就越大。0°方向拉伸时，圆柱形光滑气孔的轴向与拉伸方向一致，气孔对基体的应力集中作用微小；而 90°方向拉伸时，气孔内壁应力集中最大，故该方向的拉伸性能最差。所以规则多孔铜的拉伸性能一方面取决于拉伸方向。对比图 6.2（a）和图 6.2（b），发现随着气孔率的增大，规则多孔铜在各拉伸方向下的拉伸性能都在降低，因此从另一方面来讲，规则多孔铜的拉伸性能还取决于材料的气孔率。当然，气孔的整体分布均匀性和气孔尺寸均匀性也会对其拉伸性能造成一定的影响。

材料发生屈服标志着材料在应力的作用下由弹性变形状态转变为弹塑性变形状态，所以屈服强度是材料抵抗初始塑性变形或产生微量塑性变形的一种能力。对于塑性变形材料来讲，屈服强度是工程技术中最重要的力学性能指标之一，在有些工程应用中可以作为材料稳定性和材料失效的判据。

对于金属材料而言，影响其屈服强度大小的主要因素有晶体结构、晶界和亚结构、第二相及应变速率等。屈服过程在微观上表现为位错的运动，晶格类型不同，位错运动时所受到的阻力也会不同。由 Hall-Petch 公式［式（6.1）］可知，晶界越多，晶粒越细小，屈服强度越大。金属材料中的第二相往往对基体有强化的作用，合适的第二相分布也会加强材料的屈服强度。涉及不同气孔率的规则多孔铜，晶粒尺寸对其影响比较大，除此之外，金属-气体共晶定向凝固法制备的规则多孔铜也可以看成是由两相组成，只是其中有一相为气相，因此造成规则多孔铜屈服强度性能的微观机理比较复杂。

$$\sigma_S = \sigma + k \cdot d^{-\frac{1}{2}} \tag{6.1}$$

式中，d 为晶粒平均直径；σ 为位错运动的总阻力；k 为与晶体类型有关的常数。

图 6.3 是在不同拉伸方向下规则多孔铜的屈服强度随着气孔率的变化规律。由于气孔的存在，当拉伸方向与气孔轴向成不同角度时，气孔对基体的应力集中作用不同，从而导致了规则多孔铜的拉伸性能表现出各向异性。虽然造成规则多孔铜在不同拉伸方向下的屈服强度值不相同的原因比较复杂，微观机理难以考究，但从图 6.3 中也可以看出其表现出明显的各向异性，从宏观上进行分析可以发现屈服强度受到材料的气孔率和拉伸方向的影响比较大。0°方向拉伸时，在 28%～50%的气孔率范围内，规则多孔铜的屈服强度随着气孔率的增加呈线性下降的趋势，气孔对基体的应力集中作用微小。90°方向拉伸时，随着气孔率的增加，屈服强度缓慢下降，由于气孔轴向垂直于拉伸载荷方向，除了气孔对基体产生了应力集中作用之外，气相对基体的性能产生了复杂的影响。45°方向拉伸时，屈服强度随着气孔率的变化呈紊乱的变化趋势，没有明显的规律可言，造成这种现象的主要原因可能是屈服强度复杂的微观机理。但从整体上看来，规则多孔

铜的拉伸屈服强度存在各向异性，0°拉伸方向的屈服强度比 45°方向和 90°方向性能更好。

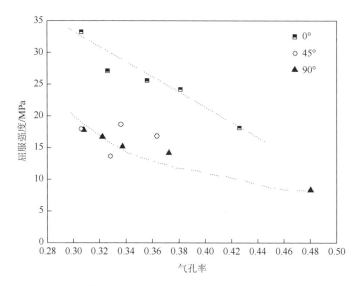

图 6.3　规则多孔铜在不同拉伸方向不同气孔率下的屈服强度

　　材料的抗拉强度也是材料的重要力学性能指标之一，是指材料在拉伸载荷下的最大承载能力，对指导实际工程应用有重要的意义。

　　图 6.4 为不同拉伸方向的试样的抗拉强度随气孔率的变化规律。可以看出，规则多孔铜各拉伸方向下的抗拉强度随着气孔率的逐步增大而逐渐下降。气孔率增大使试样的实心金属基体减少，试样的质量减小，力学性能下降理所应当。另外，抗拉强度值在不同拉伸方向下表现出来的各向异性最为明显，在相同的气孔率下 0°方向最好，90°方向最差。因此，规则多孔铜的抗拉强度主要取决于材料的气孔率和拉伸方向。

6.1.3　拉伸断口形貌

　　拉伸后试样断口不仅能反映材料断裂失效的原因，还能反映材料的塑性变形能力。气孔率约为 0.31 和 0.37 的试样在不同拉伸方向的断口扫描显微照片如图 6.5 所示。铜是面心立方晶体结构的金属，塑性变形时有 12 个滑移系，具有良好的塑性变形能力。研究表明[1, 2]，所有方向的拉伸断口都能观察到滑移线，也都有韧窝的存在。这表明，规则多孔铜在各个方向的拉伸断裂都属于韧性断裂。通常情况下，韧窝越深、越多表明材料的塑性越好。0°方向拉伸后试样断口相对其他两个方向韧窝更深、更多，可以定性分析出 0°方向试样的韧性最好。同时，同

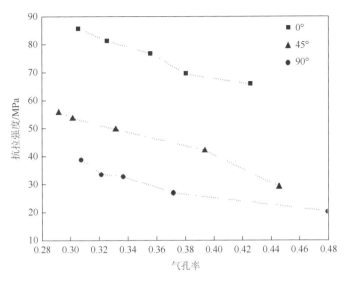

图 6.4 规则多孔铜在不同拉伸方向不同气孔率下的抗拉强度

一拉伸方向下，气孔率小的试样滑移线更多，韧窝更多、更深，这表明气孔率小的试样塑性更好。

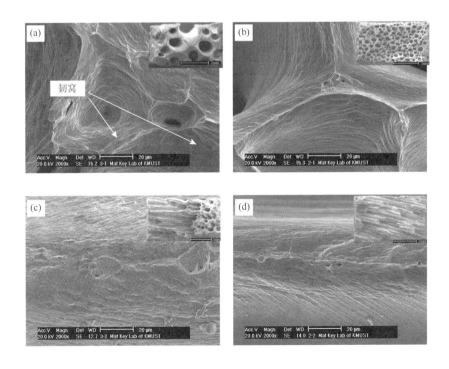

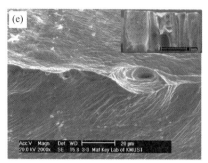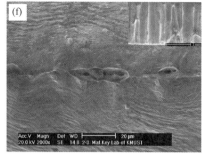

图 6.5　不同气孔率不同拉伸方向的断口扫描照片

（a）$p = 0.306$，0°方向；（b）$p = 0.381$，0°方向；（c）$p = 0.328$，45°方向；（d）$p = 0.363$，45°方向；
（e）$p = 0.317$，90°方向；（f）$p = 0.368$，90°方向

由图 6.5 中右上角的小图可以看出，断裂区域基体材料沿着拉伸载荷的方向有明显的局部脊状突起，这种脊状突起是由拉伸过程中承载面积逐渐缩小而产生颈缩所致。由断面的整体形貌可以看出，0°方向的断裂面是气孔的横截面，断裂是从孔壁处向基体内进行的，由于 0°方向拉伸气孔没有应力集中作用，断裂是由承载面积减小产生颈缩引起的；45°和 90°方向断裂面都是气孔轴线所在的截面，气孔内壁应力集中最大的地方就在这个截面上，这表明规则多孔铜 45°和 90°方向的拉伸断裂是沿着应力集中最大的孔壁处开始的，且最终因颈缩导致完全断裂。

6.1.4　拉伸各向异性分析

由图 6.2～图 6.4 可以看出，规则多孔铜在 0°方向的拉伸力学性能最好，45°方向次之，90°方向最差，拉伸性能存在明显的各向异性特征。导致材料呈各向异性的原因主要有以下四个方面。

第一，规则多孔铜在不同方向拉伸时气孔的应力集中作用不同。45°和 90°方向气孔对基体有一定的应力集中作用，而 0°方向气孔对基体的应力集中作用很小。

第二，规则多孔铜在不同方向拉伸试验时有效承载面积不同。假设气孔在整个基体上呈正六边形分布，建立了多孔材料的规则蜂窝模型，如图 6.7 所示。其中，d 为气孔直径，c 为两气孔间的距离，A_E 为有效承载面积。同一气孔率下的规则多孔铜，0°方向和 90°方向的有效承载面积分别表示为式（6.2）和式（6.3）。由于 $0 \leqslant d \leqslant c$，因此如式（6.4）所示，0°方向的有效承载面积大于 90°方向，这就造成 0°方向的抗拉强度较好，90°方向较差。

$$A_{E0°} = 6\sqrt{3}c - 3\pi d^2 \qquad (6.2)$$

$$A_{\mathrm{E}90°} = 6\sqrt{3}c - 6\sqrt{3}cd \tag{6.3}$$

$$A_{\mathrm{E}0°} - A_{\mathrm{E}90°} = 6\sqrt{3}cd - 3\pi d^2 \geqslant 0 \tag{6.4}$$

第三，不同方向拉伸断裂韧性不同。0°方向试样断裂时断口呈现的韧性相对较好，45°和 90°相对较差。

第四，规则多孔铜的柱状晶结构使材料呈现各向异性。图 6.6（a）和（b）分别是气孔率为 0.32 和 0.48 的规则多孔铜的金相照片，可以看出，金属-气体共晶定向凝固法制备的规则多孔铜的宏观组织为柱状晶。具有柱状晶结构的材料沿柱状晶方向的性能相对垂直于柱状晶方向的拉伸性能较好。

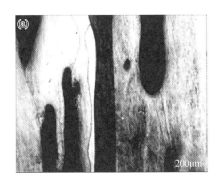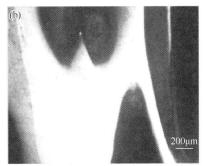

图 6.6　不同气孔率下规则多孔铜的金相组织

（a）气孔率为 0.32；（b）气孔率为 0.48

6.1.5　规则多孔材料的力学模型

由于受到试验条件的限制，不可能制备各种气孔率的规则多孔铜。为了克服试验条件的限制，更方便地表征各种气孔率规则多孔铜在不同拉伸方向下的拉伸性能，多孔材料的研究者通过建立数学模型，使用数学和物理的方法得到了表征多孔金属拉伸性能的经验公式。目前，主要有两种关于规则多孔金属拉伸力学性能的数学模型，即面积承载模型和应力集中模型，经过改进建立适当的几何模型，可以更加准确地应用到规则多孔铜的拉伸性能中。

1. 面积承载模型

Gibson 和 Ashby[6]建立了多孔材料的规则蜂窝模型，气孔呈正六边形。而金属-气体共晶定向凝固制备的多孔铜的孔是呈圆柱状排列的，气孔呈圆形，因此将其修改为气孔呈圆形的蜂窝模型比较合理，并假设气孔在整个基体上呈正六边形分布，如图 6.7 所示。其中，c 为相邻两孔间的距离，d 为气孔直径。模型的气孔

率 p 可以通过式（6.5）计算，代入理论模型的几何尺寸可计算出该模型的气孔率［式（6.6）］。Eudier[7]首次提出了有效承载面积法的模型式（6.7），其中 σ_0 为金属-气体共晶定向凝固下致密铜的抗拉强度，σ 为规则多孔铜的抗拉强度，A_E 和 A 分别为试样的有效承载面积和横截面面积。

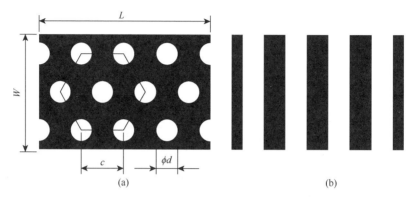

图 6.7　多孔铜拉伸模型横截面

（a）0°方向；（b）90°方向

$$p = \frac{V_{cylinder}}{V_{hexagon}} \tag{6.5}$$

$$p = \frac{3\pi d^2}{WL} = \frac{8\pi}{\sqrt{3}}\left(\frac{d}{L}\right)^2 \tag{6.6}$$

$$\sigma = \sigma_0 \frac{A_E}{A} \tag{6.7}$$

　　图 6.7（a）是 0°方向试样拉伸横截面示意图。可以计算出有效承载面积和横截面面积［式（6.8）和式（6.9）］，其中 W 和 L 如图 6.7（a）所示。结合式（6.5）～式（6.9）可得到 0°方向的抗拉强度模型公式（6.10）。

$$A_E = WL - 3\pi d^2 \tag{6.8}$$

$$A = WL \tag{6.9}$$

$$\sigma_{0°} = \sigma_0(1-p) \tag{6.10}$$

　　图 6.7（b）是 90°方向试样拉伸横截面示意图。通过计算，式（6.11）为有效承载面积的计算公式。通过用承载面积法得到的 90°方向的拉伸强度模型公式可表示为式（6.12）。

$$A_{\mathrm{E}} = WL - 4Wd \tag{6.11}$$

$$\sigma_{90°} = \sigma_0 \left(1 - 1.05 p^{\frac{1}{2}} \right) \tag{6.12}$$

通过面积承载模型建立的规则多孔铜在 0°和 90°方向的拉伸模型，根据推导在 0°和 90°方向的抗拉强度与气孔率关系的式（6.10）和式（6.12），可以得到有效承载模型的抗拉强度数据。试验数据与面积承载模型数据的比较如图 6.8 所示。可以看出，0°方向试验数据与模型数据吻合良好，而 90°方向模型数据与试验数据具有相似的变化趋势。而 45°方向的拉伸涉及剪切应力与正应力的交叉作用，建立强度判据复杂，需要进一步研究。

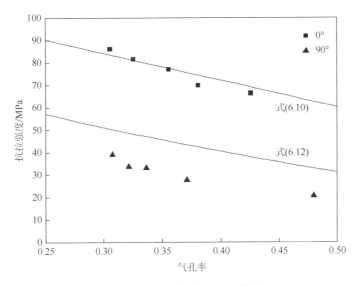

图 6.8   面积承载模型数据与试验数据

2. 应力集中模型

Balshin[8]提出可以用式（6.13）来描述多孔金属材料抗拉强度与气孔率之间的关系；并提出其中的 K 是与材料本身和材料的制备工艺相关的常数，并没有具体的数值。但后来 Baccaccini 等[9]又提出在多孔材料中式（6.13）中的 K 可表示为气孔对基体的应力集中系数 K_t。因此只要计算出不同拉伸方向的应力集中系数，就可以建立力学模型来模拟材料拉伸强度和气孔率之间的关系。

$$\sigma = \sigma_0 (1 - p)^K \tag{6.13}$$

图 6.9（a）是在有限宽度板拉伸中任意椭圆气孔周围基体的应力集中情况。

根据经典的应力集中理论[9]，应力集中系数可以表达为式（6.14），其中的 σ_{max} 与圆孔的半径尺寸 a 和 b 有关。当试样在 0°方向拉伸时，如图 6.9（b）所示，$a=r$，$b=\infty$，代入式（6.14）可得 $K_t=1$，所以 0°拉伸方向抗拉强度应力集中模型的公式可表达为式（6.15）。当试样在 90°拉伸时，如图 6.9（d）所示，$a=b=r$，那么 $K_t=3$，则 90°拉伸方向抗拉强度应力集中模型的公式可表达为式（6.16）。当试样在 45°拉伸时，如图 6.9（c）所示，$a=r$，$b=\sqrt{2}r$，那么 $K_t=1+\sqrt{2}$，则 45°拉伸方向抗拉强度应力集中模型的公式可表达为式（6.17）。当在任意角方向拉伸时，如图 6.9（a）所示，$a=r$，$b=r/\sin\phi$，那么 $K_t=1+2\sin\phi$，所以任意角度拉伸时抗拉强度的应力集中模型公式如式（6.18）所示。

$$K_t=\frac{\sigma_{max}}{\sigma}=\frac{\sigma\left(1+2\dfrac{a}{b}\right)}{\sigma}=1+2\frac{a}{b} \tag{6.14}$$

$$\sigma_{0°}=\sigma_0(1-p) \tag{6.15}$$

$$\sigma_{90°}=\sigma_0(1-p)^3 \tag{6.16}$$

$$\sigma_{45°}=\sigma_0(1-p)^{1+\sqrt{2}} \tag{6.17}$$

$$\sigma_\phi=\sigma_0(1-p)^{1+2\sin\phi} \tag{6.18}$$

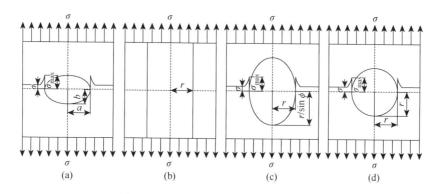

图 6.9　不同拉伸方向的应力集中示意图

（a）任意角；（b）0°方向；（c）45°方向；（d）90°方向

图 6.10 是应力集中模型数据与试验数据的对比情况。从图中可知，0°、45°和 90°拉伸方向的模型数据与试验数据吻合良好。任意角度方向的拉伸应力集中模型公式 [式（6.18）] 是抗拉强度关于气孔率 p 和拉伸角度的函数，可以满足所测拉伸方向 0°、45°和 90°的试验情况。

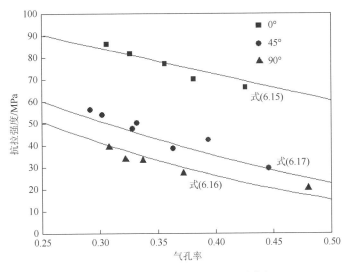

图 6.10 应力集中模型数据与试验数据

6.2 规则多孔铜的压缩行为

6.2.1 压缩试验

根据《金属材料 室温压缩试验方法》（GB/T 7314—2017）设计并制备直径为 10mm，高为 18mm 的圆柱体状压缩试样，如图 6.11 所示。用电火花线切割机从不同气孔率的规则多孔铜中切取气孔轴向与压缩方向成 0°、30°、45°、60° 和 90° 的试样，用来进行常温下的压缩试验，分析和研究规则多孔铜的压缩强度、压缩变形情况及其压缩行为的各向异性。

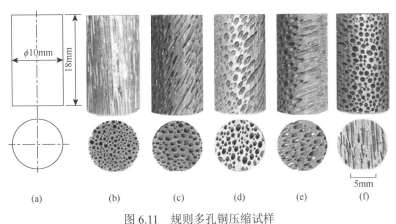

图 6.11 规则多孔铜压缩试样

（a）压缩试样尺寸；（b）0°；（c）30°；（d）45°；（e）60°；（f）90°

　　规则多孔铜的室温压缩试验在量程为 100kN 的 CSS-44100 电子万能试验机上进行，将压缩试验的压缩速率设置为 1mm/min。利用计算机记录各个压缩时刻载荷的大小和压头的位移，用横截面面积除载荷，原始长度除位移分别得到压缩应力和压缩应变，使用 Origin8.0 软件处理得到应力-应变曲线。由于没有明显的屈服平台，规定在应力-应变曲线上残余伸长百分比为 0.2%时的应力作为屈服强度。为了统一表征不同压缩方向规则多孔铜的压缩性能，在进行压缩性能测试时，压缩应变达到 80%时终止压缩，压缩试验完成。

　　为了更好地说明不同压缩方向上规则多孔铜的压缩变形情况，将气孔率为 48%且具有不同压缩方向的试样分别压缩到 10%、30%、50%和 80%的压缩量之后，用电火花线切割机沿其纵向剖开，观察气孔的变形情况，研究不同压缩方向下规则多孔铜的压缩变形，分析压缩变形过程的各向异性。

6.2.2　压缩行为

　　普通多孔金属材料的压缩应力-应变曲线的示意图如图 6.12 所示，曲线分为三个阶段。第一个阶段为弹性变形阶段，该阶段材料变形以线弹性的方式为主。第二个阶段为塑性屈服阶段，该阶段中多孔材料在孔壁处发生屈服的同时气孔被压塌，出现一个应力随应变的快速增大而缓慢变化的应力维持平台。第三个阶段为密实化阶段，这时气孔完全坍塌，应力急剧增加，应力-应变曲线的斜率陡增。达到密实化以后，多孔材料的气孔已经发生不同程度的压塌，这意味着达到密实应变之后材料的气孔结构遭受破坏，应力与应变关系发生明显改变。为了更好地表征材料的压缩性能，在压缩应力-应变曲线上做与塑性屈服阶段同斜率的一条直线，将压缩应力-应变曲线的切点作为多孔材料密实化阶段开始的点，该点对应的应变记为密实化阶段开始点的应变。因此用密实化阶段开始点处的应变值 ε_D 可以确定多孔材料的气孔结构是否遭受破坏，多孔材料密实化阶段的开始点也就是屈服阶段的结束点，即当应变达到密实化阶段开始点的应变值 ε_D 后就表示材料的多孔结构已经不能保持稳定形态，如图 6.12 所示。

　　图 6.13 是气孔率为 48%的规则多孔铜在 0°、30°、45°、60°和 90°方向的压缩应力-应变曲线。规则多孔铜的压缩应力-应变曲线与普通多孔金属的压缩曲线趋势相似，大致也可以分为三个阶段：弹性变形阶段（Ⅰ）、塑性屈服阶段（Ⅱ）和密实化阶段（Ⅲ）。从图 6.13 中可以看出，在气孔率相同的情况下，不同压缩方向压缩过程的各个阶段呈现不同的变化特征，规则多孔铜的压缩性能呈现明显各向异性。在弹性变形阶段，应力几乎随应变呈线性变化，不同压缩方向下的压缩应力与应变的关系都服从胡克定律。在塑性屈服阶段，随着气孔轴向与压缩方向的角度逐渐增大，应力呈减小趋势，也就是说在压缩变形过程中，应力随着应变

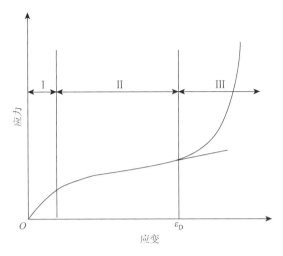

图 6.12　压缩应力-应变曲线示意图

的增大缓慢增大，气孔轴向与压缩方向的夹角越大，应力随应变增大的速率越慢。即载荷与气孔轴向所成的角度越大，规则多孔铜在塑性屈服阶段越容易发生塑性变形，材料在压缩载荷下更容易失稳。同时，气孔轴向与压缩方向夹角越小，材料达到密实化阶段时的应变越大，即材料保持气孔结构的能力更强。这也可以说明 0°方向压缩时的抗压性能最好，而 90°方向压缩时的抗压性能最差。而当应变达到密实化应变以后，无论压缩方向如何，规则多孔铜最后变为了致密铜，所以在后续的压缩过程中应力随应变的增加均急剧上升，且最终将会趋于同一数值。

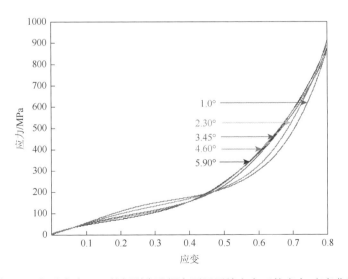

图 6.13　气孔率为 48%的规则多孔铜在不同压缩方向下的应力-应变曲线

　　图 6.14 和图 6.15 分别为不同气孔率试样在 0° 和 90° 压缩方向的应力-应变曲线。可以看出，压缩应力-应变曲线随着气孔率的增大而下移。在弹性变形阶段，气孔率越大，弹性模量越小；在塑性屈服变形阶段，随着气孔率的增大，塑性变形越容易，耐压缩性能越差；在密实化阶段，压缩密实化应变随气孔率的增大而增大，这是由于气孔率越大，材料致密度减小，而最终也无法完全密实。

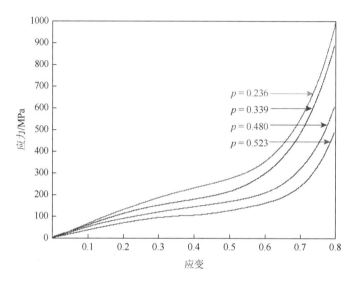

图 6.14　不同气孔率的规则多孔铜在 0° 压缩方向下的应力-应变曲线

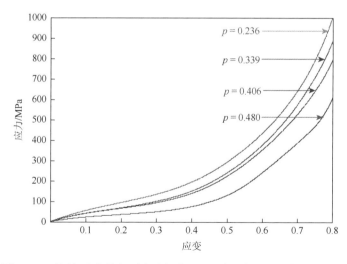

图 6.15　不同气孔率的规则多孔铜在 90° 压缩方向下的应力-应变曲线

　　规则多孔铜在压缩过程中的屈服强度值的大小能表征加载过程中抵抗变形的

能力，屈服过程意味着塑性变形的开始。规则多孔铜试样在不同压缩方向上的屈服强度与气孔率的关系如图 6.16 所示。图中数据表明，在各压缩方向上试样的屈服强度均随气孔率的逐渐增大而减小，0°方向试样几乎呈线性变化，并且同一气孔率下 0°方向试样的压缩屈服强度高于其他压缩方向。这表明，0°方向压缩时气孔率小，规则多孔铜的抗压缩性能最好，至于不同压缩方向抗压屈服强度随着气孔率变化的具体规律比较杂乱。导致屈服强度随气孔率变化的原因主要是气孔对基体的应力集中作用不同，以及在变形过程中气孔变形对基体所产生的形变强化作用效果不同，但其中涉及的机理比较复杂，还有待进一步的深入研究。其中屈服强度在 0°和 90°压缩方向的试验结果与美国 Simone 和 Gibson[10]和日本 Hyun 和 Nakajima[11]得出的试验结果相似。

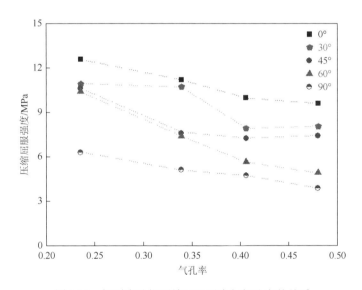

图 6.16　规则多孔铜压缩屈服强度与气孔率的关系

6.2.3　能量吸收

从应力-应变曲线上可知，在塑性屈服阶段存在一个长长的应力平台区域，即应力变化不大而应变不断增加区域。多孔金属材料的抗压性能和能量吸收能力与这一区域密切相关[12]。不同气孔率的规则多孔铜在不同压缩方向上的 ε_D 值如图 6.17 所示。从图中曲线可以看出，在各个压缩方向上的 ε_D 随气孔率的逐渐增加而降低；当气孔率大小相同时，ε_D 随压缩方向与气孔轴向所成夹角的增大而减小。这表明，规则多孔铜在 0°方向抗压性能最好，而在 90°方向的抗压性能最差，抗压过程中规则多孔铜抵抗变形的能力呈现各向异性。

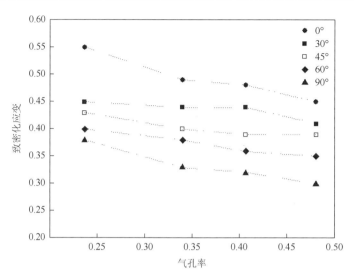

图 6.17　规则多孔铜密实化阶段开始点的应变值 ε_D

多孔铜材料压缩过程中变形所做的功由孔壁的弹性屈曲和塑性屈曲来吸收。在达到密实化阶段开始点应变 ε_D 时，单位体积吸收的能量 W 可以通过应力-应变曲线所围成的面积来进行计算，计算公式见式（6.19）[13]：

$$W = \int_0^\varepsilon \sigma(\varepsilon)\mathrm{d}\varepsilon \qquad (6.19)$$

图 6.18 为规则多孔铜在不同方向压缩到密实化阶段开始点时单位体积吸收的能量和气孔率的关系。图中表明单位体积规则多孔铜吸收的能量随着气孔率的逐渐增加而减少，这意味着随着气孔率的增加，材料能量吸收能力逐渐降低。当气孔率大小相同时，单位体积吸收的能量随压缩方向与气孔方向夹角的增大逐渐减小，这主要是由规则多孔铜的强度和延展性随着夹角的增大而下降引起的。从图中可以看出，0°方向的能量吸收能力最大，30°、45°、60°和 90°方向的能量吸收能力依次降低。

6.2.4　压缩变形方式

规则多孔铜的压缩变形方式取决于气孔轴向与压缩方向所成的夹角。图 6.19 为气孔率为 0.48 的规则多孔铜材料在不同压缩方向的压缩过程中，应变分别为 0.1、0.3、0.5 和 0.8 时的纵截面变形形貌。0°方向试样在受到单向压缩时向四周膨胀并呈现对称的鼓形，变形以孔壁塑性屈服为主。孔壁受到压缩载荷作用产生轴向压缩镦粗变形，然后产生塑性弯曲，继而塌陷和折叠变形。孔壁的弯曲和折叠变形是主要的变形方式。在 90°方向压缩载荷下，试样起初没有产生膨胀而呈鼓

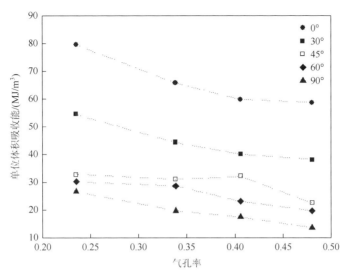

图 6.18 不同压缩方向的规则多孔铜的单位体积吸收能与气孔率的关系

形,在压缩过程中主要表现为气孔的直接压塌,因此变形以气孔的塑性屈曲为主,气孔发生塑性压扁、塌陷而导致破坏气孔的结构。随压缩的继续进行,气孔发生严重的塑性塌陷,继而逐渐密实化。30°、45°和60°方向因载荷和结构的不对称性产生与压缩方向呈一定角度的倾斜变形。30°方向变形类似 0°方向两侧产生少量膨胀,但不是很明显,孔壁发生弯曲和折叠变形。60°方向变形类似于 90°方向,以气孔塑性屈曲为主,孔壁只产生少量弯曲变形。从图 6.19 中的数据可以看出,在应变为 0.5 时 45°、60°和90°方向试样被基本压实,而 0°和30°方向还有一定量的气孔。显然,气孔轴向与压缩载荷方向夹角越小,抗压性能越强,保持气孔结构的能力越强。这也说明虽然规则多孔铜的压缩变形主要是以气孔壁的塑性变形为主,但是不同压缩方向的变形形式是不尽相同的,气孔变形特征的不同是促使应力-应变曲线的各向异性的原因之一。

6.2.5 压缩各向异性

规则多孔铜压缩应力-应变曲线在不同压缩方向下显示出不同的压缩特征,各项性能指标表现出明显的各向异性。各向异性的主要原因包括以下几个方面。

第一,压缩变形方式不同。0°方向主要是气孔壁弯曲呈鼓形而破坏气孔结构;90°方向主要以气孔的直接压塌变形为主,最终导致气孔壁贴合,使多孔材料密实化;而 30°、45°和60°方向结合了这两种变形方式,使气孔结构被破坏。

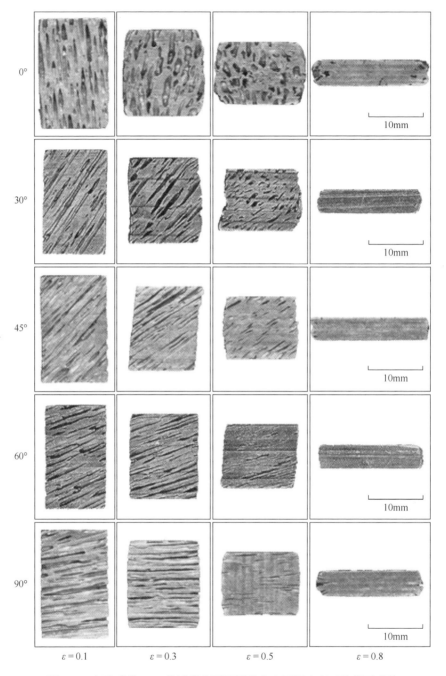

图 6.19　气孔率为 0.48 的试样在不同压缩方向不同应变下的截面形貌

第二，规则多孔铜的强度与试样压缩时的有效承载面积有关，一般来说，有效承载面积越大，能承载的载荷越大。图 6.20 是 0°、30°、45°、60° 和 90° 方向试样承载面积的示意图。可以看出，当气孔率相同时，0° 方向上有效承载面积最大，30°、45° 和 60° 方向依次减小，90° 方向有效承载面积最小，所以屈服强度随压缩方向与气孔方向夹角的增加依次减小。

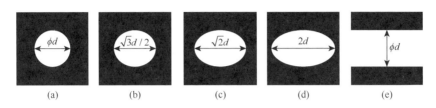

图 6.20　各压缩方向试样承载面积的示意图

（a）0°；（b）30°；（c）45°；（d）60°；（e）90°

第三，不同压缩方向上气孔对气孔周围基体的应力集中程度不同。应力集中对多孔材料的力学性能有很大的影响，其强度随着应力集中的增加而减小[14]。由日本西田正孝[14]给出的不同情况下的应力集中系数并结合图 6.9 和式（6.14）可知，在气孔率和孔径相同时 0° 方向的应力集中系数最小，30°、45°、60° 和 90° 方向的应力集中系数依次增大。应力集中系数越大，σ_{max} 越大，即气孔周围的最大应力越大，当 σ_{max} 达到屈服应力时，气孔周围的基体便发生变形。因此，压缩方向与气孔方向夹角越大的试样，在塑性变形阶段应力随应变的变化越小，越容易发生变形至密实化，随着变形增大密实化后，曲线斜率逐渐增大。

第四，规则多孔铜的晶体结构是通过金属-气体共晶定向凝固得到的柱状晶，这使得材料中的晶粒分布具有一定的择优取向，不同压缩方向时载荷方向与晶粒取向不同。对于具有面心立方（face-centered cubic，FCC）结构的材料，其弹性性能和屈服行为与晶粒取向有密切的关系。通常在沿原子密度最大的晶向方向的屈服强度显示出明显的优异性。图 6.21 是规则多孔铜的 X 射线衍射（X-ray diffraction，XRD）图谱，通过分析图谱可知，与致密纯铜的 XRD 图谱相比，规则多孔铜的择优取向晶面是(220)，从而可以判断规则多孔铜晶粒的生长方向是 〈110〉 晶向。由于气孔与金属共晶生长，因此气孔的轴向也与晶粒生长方向 〈110〉 晶向相同。铜是面心立方（FCC）晶体结构，其原子密排方向是 〈110〉 晶向，所以沿着该晶向的力学性能具有明显的优势。当压缩方向不同时，压缩载荷与柱状晶生长的方向不同，因此压缩强度表现出差异。0° 方向试样压缩方向与晶粒生长方向相同，也就是原子的密排方向，所以该方向的压缩强度最大。

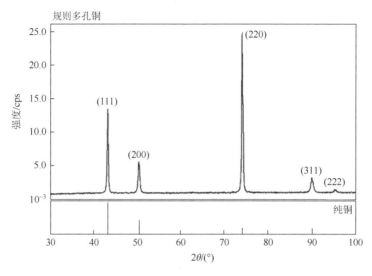

图 6.21　规则多孔铜的 XRD 图谱

6.2.6　压缩变形本构关系

　　在低应变速率下，静态压缩时规则多孔铜是对应变速率不敏感的材料，由图 6.13 所示压缩应力-应变曲线可以建立常温下不同塑性变形阶段压缩应力关于压缩应变和气孔率的模型函数关系如式（6.20）所示：

$$\sigma = f(\varepsilon)g(p) \qquad (6.20)$$

式中，$f(\varepsilon)$ 为与应变相关的函数；$g(p)$ 为与气孔率相关的函数；σ 和 ε 分别为压缩应力和应变。

　　图 6.22 为规则多孔铜在不同压缩方向和不同压缩应变条件下压缩应力与气孔率之间的关系。从图中可以看出，在 0°、45°和 90°压缩方向的压缩应力与气孔率的关系曲线可以用指数函数的关系来进行拟合，采用 MATLAB 软件将压缩试验所得到的数据进行拟合，三个压缩方向下压缩应力和气孔率之间的函数关系分别可由式（6.21）、式（6.22）和式（6.23）表示。从公式中可以得到函数 $f(\varepsilon)$ 自变量 ε 和因变量 $f(\varepsilon)$ 的值，通过计算机软件描点并绘图之后发现二者呈指数变化关系。通过 MATLAB 软件拟合可得到拟合式（6.24）、式（6.25）和式（6.26），分别表示 0°、45°和 90°压缩方向函数 $f(\varepsilon)$ 与应变 ε 之间的关系。通过仔细观察式（6.21）～式（6.23）中的系数，发现 $g(p)$ 函数中气孔率 p 的系数与压缩应变呈二次函数的关系，用 MATLAB 软件进行多项式拟合可以得出 0°、45°和 90°压缩方向下应力与气孔率和压缩应变之间的函数关系分别表示

为式（6.27）、式（6.28）和式（6.29），这就是规则多孔铜压缩变形过程中应力和应变的本构方程。

$$
\sigma = \begin{cases}
118.51\exp(-2.04p), & \varepsilon = 0.1 \\
205.61\exp(-1.85p), & \varepsilon = 0.2 \\
296.47\exp(-2.00p), & \varepsilon = 0.3 \\
382.86\exp(-2.20p), & \varepsilon = 0.4 \\
495.57\exp(-2.41p), & \varepsilon = 0.5 \\
660.89\exp(-2.48p), & \varepsilon = 0.6 \\
916.61\exp(-2.18p), & \varepsilon = 0.7
\end{cases}
\tag{6.21}
$$

$$
\sigma = \begin{cases}
120.51\exp(-2.80p), & \varepsilon = 0.1 \\
207.07\exp(-2.91p), & \varepsilon = 0.2 \\
297.28\exp(-3.08p), & \varepsilon = 0.3 \\
385.85\exp(-2.96p), & \varepsilon = 0.4 \\
507.87\exp(-2.65p), & \varepsilon = 0.5 \\
685.44\exp(-2.17p), & \varepsilon = 0.6 \\
937.03\exp(-1.70p), & \varepsilon = 0.7
\end{cases}
\tag{6.22}
$$

$$
\sigma = \begin{cases}
120.96\exp(-3.33p), & \varepsilon = 0.1 \\
206.79\exp(-3.49p), & \varepsilon = 0.2 \\
297.55\exp(-3.54p), & \varepsilon = 0.3 \\
385.56\exp(-3.18p), & \varepsilon = 0.4 \\
507.64\exp(-2.67p), & \varepsilon = 0.5 \\
685.15\exp(-2.15p), & \varepsilon = 0.6 \\
937.15\exp(-1.76p), & \varepsilon = 0.7
\end{cases}
\tag{6.23}
$$

$$
f(\varepsilon) = 111.15\exp(3.01\varepsilon)
\tag{6.24}
$$

$$
f(\varepsilon) = 111.69\exp(3.04\varepsilon)
\tag{6.25}
$$

$$
f(\varepsilon) = 112.91\exp(3.01\varepsilon)
\tag{6.26}
$$

$$
\sigma_{0°} = 111.15\exp(3.01\varepsilon) \cdot \exp[(1.08\varepsilon^2 - 1.61\varepsilon - 1.74)]
\tag{6.27}
$$

$$
\sigma_{45°} = 111.69\exp(3.04\varepsilon) \cdot \exp[(7.75\varepsilon^2 - 4.33\varepsilon - 2.43)]
\tag{6.28}
$$

$$
\sigma_{90°} = 112.91\exp(3.01\varepsilon) \cdot \exp[(7.04\varepsilon^2 - 2.67\varepsilon - 3.21)]
\tag{6.29}
$$

图 6.23 表示的是不同压缩方向和气孔率的规则多孔铜计算应力-应变曲线与试验应力-应变曲线之间的对比情况。规则多孔铜的试验压缩应力-应变曲线上弹性变形阶段范围很小，在计算和拟合时为了简化起见，可以将其忽略，因此在计

算应力-应变曲线上没有弹性变形这个阶段。可以看出,0°方向的计算应力-应变曲线在塑性变形阶段与试验应力-应变曲线吻合良好,而多孔材料密实化以后两者相差比较大,此时计算曲线已经不能符合试验的真实情况,不能满足近似试验曲线的作用。45°和 90°压缩方向的计算应力-应变曲线与试验应力-应变曲线在塑性变形阶段和密实化阶段都是比较吻合的,这说明 45°和 90°压缩方向的本构方程能够很好地表征规则多孔铜的压缩应力-应变关系,而 0°方向的本构方程在压缩性能方面也有参考价值。

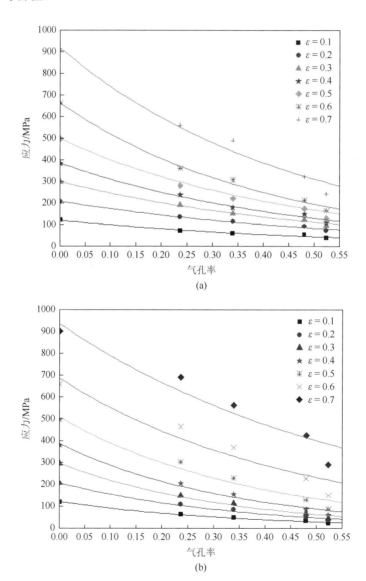

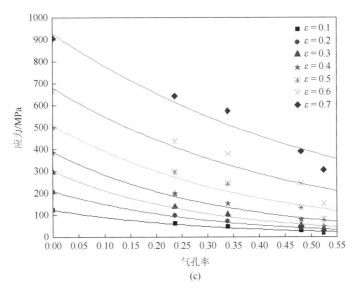

图 6.22　不同压缩应变下压缩应力与气孔率的关系

（a）0°方向；（b）45°方向；（c）90°方向

　　通过对具有不同结构参数（气孔率和加载方向）的规则多孔铜进行室温下的拉伸和压缩试验，得出其拉伸和压缩性能随结构参数的变化规律。建立拉伸强度的应力集中模型和面积承载模型，更进一步地表述拉伸性能与结构参数之间的关系。建立规则多孔铜压缩应力-应变本构方程，较为准确地预测压缩应力-应变曲线随着结构参数的变化规律。

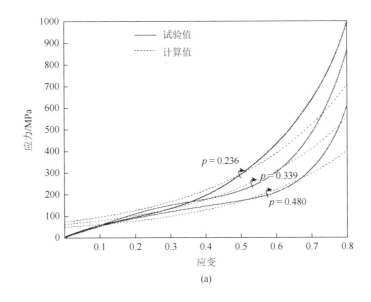

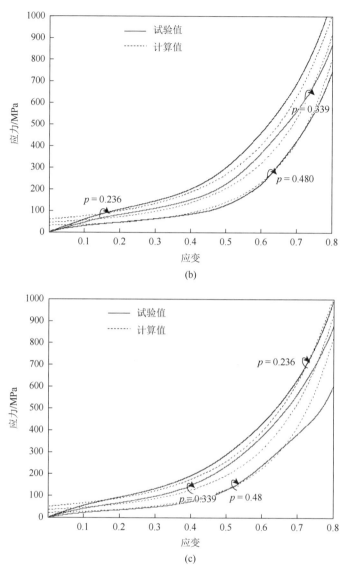

图 6.23　规则多孔铜的计算应力-应变曲线与试验应力-应变曲线

（a）0°；（b）45°；（c）90°

6.3　规则多孔铜力学行为的有限元模拟

在很多实际工程问题中，只要涉及解决工程实际的数学理论时都会遇到微分方程组的求解，鉴于微分方程组求解的复杂性，一般很难得到它的精确解。为了解决这类问题，通常需要借助数值分析的方法来求其近似解。求解数值解的常用方法主要包括有限差分法和有限元法。有限差分法需要每个节点的微分方程,再用差分代替微分得到代数方程组从而进行求解,这能够轻松地解决相对简单的实际问题,并且也易于理解。对于含复杂边界条件或几何条件的实际工程问题,有限差分法难以解决,而需要用到有限元法。有限元法是对节点采用积分的方法而不是微分的方法来建立代数方程组,进而求解代数方程组可得到节点的解析解。

ANSYS 软件有限元分析的基本步骤分为前处理阶段、求解阶段和后处理阶段。在前处理阶段可以建立实体模型,网格划分之后将其离散化成有限的单元和节点;设置边界条件和初始条件并施加载荷。在后处理阶段,可以通过 ANSYS 的通用后处理器 POST1 和时间历程后处理器 POST26 对模型的节点解与节点解产生的引申解进行查看和处理。

6.3.1　有限元法结构非线性分析

对于结构非线性分析,有限元分析软件具有独特的优势,ANSYS 有限元软件对结构非线性分析具有求解容易、分析简单的特点。结构非线性问题根据成因的不同可以分为三种,即材料非线性、几何非线性和状态非线性。由材料自身的非线性应力-应变关系导致结构呈现非线性的行为称为材料非线性,即材料本身的应力-应变关系不满足胡克定律。由于结构经受大变形之后,结构几何形状的变化引起的结构非线性称为几何非线性。由于结构所处状态不同而引起的结构非线性称为状态非线性。对于本书中的规则多孔铜拉伸和压缩性能的有限元分析属于结构非线性问题中的材料非线性和几何非线性问题。同时,在进行结构非线性有限元分析的过程中,由于非线性因素可能会降低迭代计算时的平衡收敛性,为此在 ANSYS 软件中应进行相应的设置。

1. 材料非线性

导致材料非线性的原因主要有材料的塑性、多线性弹性、蠕变、超弹性及黏弹性等材料本身的力学性质。塑性是以无法恢复的变形为特征,在应力超过材料的屈服强度之后就会出现。作为结构工程用的材料一般都具有塑性,而规则多孔铜也是一种良好的塑性材料,本节主要考虑塑性行为对材料非线性的影响。

2. 塑性区域的相关特性

材料在塑性分析中具有塑性区域特有的性质,主要体现在:①路径相关性。

即材料塑性的不可恢复性，这类问题与加载历史有关，通常称这类问题为非保守的非线性或者与路径相关的非线性问题。换言之，对某一问题给定特定的边界条件，可能有很多个正确解，但为了真实的结果，就必须按照系统真实经历的加载历程进行加载，否则得到的结果会与真实情况不符合。②加载速率相关性。材料的塑性应变的大小可能受到加载速率的影响，与加载速率有关的塑性称为与加载速率相关的塑性，大多数材料在某种程度上都是加载速率相关性塑性。③塑性激活影响因素的多样性。这里是指当材料受载过程中的应力超过屈服点时，塑性被激活，而屈服应力本身可能是温度、应变率、应变历史等参数的函数。实际材料工作环境的改变或者有限元分析中这些参数的改变都可以导致屈服强度的改变，ANSYS 程序可以模拟这样的情况。

3. 塑性相关理论

塑性力学理论主要包括屈服准则、流动准则和强化准则等。在物体内某一质点出现塑性变形时所受到的应力必须满足的条件称为屈服准则，通过屈服准则对材料在应力状态下是否达到屈服强度进行检测，通常可以通过应力状态和屈服准则判定是否发生塑性变形。只有单轴载荷试验时，才能通过简单地比较轴向应力和材料的屈服强度来确定材料是否发生塑性变形。冯·米塞斯（Von Mises）屈服准则是有限元分析中一个通用的准则，它遵循材料力学的第四强度理论——形变改变强度理论，第四强度理论的相当应力如式（6.30）所示。该屈服准则所对应的应力在有限元分析中称为等效应力，当该等效应力超过材料的屈服强度时就会有塑性变形发生，在有限元分析的后处理中常常通过绘制等效应力云图来进行描述，从而使分析人员快速地分析出应力状态下模型中最危险的区域。Von Mises 屈服准则是一种除脆性材料外尤其是金属材料广泛使用的屈服准则。

$$\sigma_s = \sqrt{\frac{1}{2}(\sigma_1 - \sigma_2)^2 + (\sigma_2 - \sigma_3)^2 + (\sigma_3 - \sigma_1)^2} \qquad (6.30)$$

4. 材料非线性属性

与线性分析相比，材料的非线性分析最明显的不同就体现在定义材料的属性上，需将材料的非线性这一特性显现出来。ANSYS 程序中提供了多种定义材料非线性属性的材料选项，其中最常用的有四种：双线性随动强化、双线性等向强化、多线性随动强化和多线性等向强化。随动强化和等向强化是强化准则的两个组成部分。随动强化是在假定屈服面大小保持不变的情况下，仅在屈服的方向上移动，当某个方向的屈服应力增大时，其反方向的屈服应力降低。而等向强化准则描述的是初始屈服准则随着塑性应变增加的变化规律，是屈服面在尺寸上以材料中所做塑性功的大小为基础的扩张。四种材料模型具体情况的比较如表 6.1 所示。

表 6.1　材料非线性属性模型的比较

材料模型	应力-应变曲线形式	适用范围	不同温度下应力-应变曲线数/条	材料属性输入数据点
双线性随动强化	双线性	各向同性材料的小应变问题	6	屈服强度和切向斜率
双线性等向强化	双线性	各向同性材料的大应变问题	6	屈服强度和切向斜率
多线性随动强化	多线性	双线性不足以表示应力-应变特征的小应变问题	5	最多 5 组应力-应变值
多线性等向强化	多线性	比例加载、大应变分析	20	最多 100 组应力-应变值

1）几何非线性

在施加载荷以后，随着位移的增长，一个有限元单元发生位移后的坐标可以以多种方式改变结构的刚度。通常来说，这类问题都是非线性的，需要进行多次迭代得到一个有效的解。主要涉及的理论有大应变效应、小应变大转动、应力刚化和旋转软化。

在有限元模拟过程中大应变效应的应用是很普遍的。一个有限元模型的总体刚度依赖于组成该有限元模型的各个单元的方向和刚度，当一个单元的节点发生位移以后，该单元对有限元模型的总体刚度的贡献可以归因于两种方式的改变：第一种，如图 6.24（a）所示，如果某个单元的形状发生了改变，它的单元刚度将会改变；第二种，如图 6.24（b）所示，如果某个单元的取向发生了改变，它的单元刚度也会发生改变。在小应变和小变形分析中假设位移小到足够可以忽略对有限元模型整体刚度的影响，这种刚度不变假设保证了在计算时只需要进行一次迭代就能计算出小变形分析过程中的位移。然而，在大应变分析中有限元模型的整体刚度由各个单元形状和取向的改变而决定，位移受有限元模型刚度的影响，反过来有限元模型的刚度受到位移的影响，因此在大变形分析中需要进行多次迭代才能得到有效的位移。ANSYS 软件可通过执行 NLGEOM，ON 命令来激活大应变效应。涉及大应变的问题求解中，所有应力-应变值均为真实应力 σ_{true} 和真实应变 ε_{true}，其中真实应力、真实应变和工程应力 σ_{eng}、工程应变 ε_{eng} 的换算公式分别如式（6.31）和式（6.32）所示。同时，大应变分析中如大的横纵比、过度尖锐顶角和具有负面积的扭曲的低劣单元形状都是不利于计算收敛的，这在有限元网格划分时应该避免。

$$\sigma_{\text{true}} = \sigma_{\text{eng}}(1 + \varepsilon_{\text{eng}}) \qquad (6.31)$$

$$\varepsilon_{\text{true}} = \ln(1 + \varepsilon_{\text{eng}}) \qquad (6.32)$$

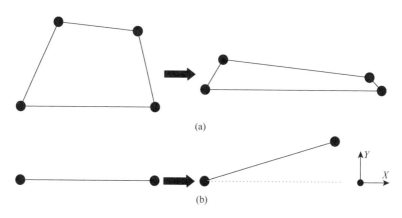

(a)

(b)

图 6.24　　大应变和大转动

（a）大应变影响整体刚度；（b）大转动影响整体刚度

2）结构非线性分析的设置

ANSYS 软件的求解器可以通过计算一系列的联立线性方程，但是在进行结构非线性分析时所涉及的非线性行为不能直接用线性分析时的线性方程来表示，需要一系列带校正的线性方程来近似求解线性问题。ANSYS 软件可以采用牛顿-拉普森方法（NR 方法）、自适应下降、线性搜索、自动载荷步和二分法甚至弧长法来加强问题求解过程中的收敛性。在本研究中采用了牛顿-拉普森方法、线性搜索和自动载荷步的方法来加强拉伸和压缩模拟计算时的收敛性。

ANSYS 软件在确定收敛准则时会给出一些选择，可以将收敛检测建立在力、位移、力矩、转动或者这些选项的任意组合上，并且每一个选项均可设置不同的收敛容限值。值得一提的是，单独使用一种收敛检查可能会导致错误的出现或误认不收敛解为收敛解。为了防止这种错误的发生，在选择收敛检测时应该选用位移收敛检测和力收敛检测相结合的方法。

通常有限元分析的计算精度和计算时间是矛盾的，除与有限元模型的复杂性和网格划分的粗细程度有关外，还取决于时间步长的大小。ANSYS 有限元分析中有两种控制时间步长的方法，一种是通过指定子步数来控制时间步长，这一时间步长在所有的载荷步中都为一个值；另外一种是自动时间步长，ANSYS 软件通过结构特性和系统的响应来调整时间步长。在此过程中可以设置采用二分法来确保计算的收敛性。

6.3.2　拉伸行为有限元模拟

利用 ANSYS 软件对规则多孔铜 0°和 90°拉伸方向的两种模型的拉伸性能进行模拟，并对其进行材料非线性分析。通过 ANSYS 软件的前处理建立模型、网格划分、设立边界条件和初始条件、加载模拟载荷，然后选用求解器进行求解，再通过后处理器处理得到所需要的结果。

1. 模型建立和网格划分

在建立模型的过程中假设气孔呈正六边形均匀分布在基体中，模型的气孔率可以通过气孔直径 d 和气孔间距 c 来进行计算，如式（6.33）所示。通过 Image J 软件对试验试样进行气孔直径和气孔间距的统计，发现气孔的平均直径分布在 0.2~0.4mm 之间，气孔间距为 0.3~0.5mm。因此在建立有限元模型时，在该范围内改变气孔直径和气孔间距来调整气孔率。为模拟其各向异性和气孔率对拉伸力学性能的影响，用 ANSYS 软件的前处理器建立加载方向和气孔轴向平行与垂直的两种不同气孔率模型。用 SOLID 45 单元建立加载方向与气孔轴向成 0°的三维模型，用 PLANE 42 单元建立加载方向与气孔轴向成 90°的二维模型，进行自由网格划分之后，分别如图 6.25（a）和（b）所示。

$$p = \frac{\sqrt{3}}{6}\pi \cdot \left(\frac{d}{c}\right)^2 \tag{6.33}$$

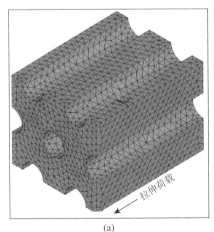
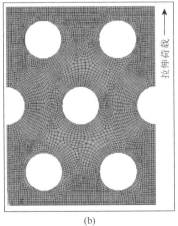

图 6.25　有限元拉伸模型

（a）0°方向拉伸模型；（b）90°方向拉伸模型

2. 边界条件和载荷加载

考虑到拉伸加载过程的实际情况，对模型拉伸性能进行模拟时将模型下端节点的位移全部约束，对于上端节点，约束 0° 方向拉伸模型的 X 轴方向和 Y 轴方向的位移，约束 90° 方向拉伸模型 X 轴方向的位移，以保证拉伸后发生颈缩。在加载过程中采用位移加载法，通过设置时间和子步数来设定加载速率为 1mm/min。对 0° 方向模型的上端节点施加 Z 轴方向位移，对 90° 方向模型的上端节点施加 Y 轴方向位移，保证模型的加载过程与实际拉伸试验的加载过程一致。

3. 材料特性

采用金属-气体共晶定向凝固法制备的致密纯铜的物理参数作为模拟参数，杨氏模量为 8×10^{10}Pa，泊松比为 0.32，材料模型为多线性等向强化（MISO）模型。在多线性等向强化模型中需要输入多对应力-应变值来充分表征材料的拉伸特性，其值采用金属-气体共晶定向凝固下制备的气孔率为 3.5% 的纯铜试样拉伸应力-应变值，其拉伸应力-应变曲线如图 6.26 所示，并假设该小气孔率的规则多孔铜为金属-气体共晶定向凝固下制备的致密铜。采用大变形弹塑性力学模型，满足大变形弹塑性材料的基本假设和基本力学方程。

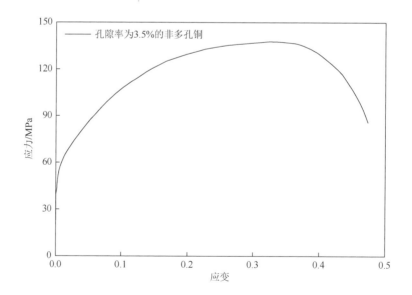

图 6.26　金属-气体共晶定向凝固法制得的致密铜的拉伸应力-应变曲线

4. 拉伸模型应力-应变曲线

通过 ANSYS 软件建立了两种气孔间距为 0.4mm,气孔直径为 0.12mm,气孔率为 32.6%,加载方向与气孔轴向成 0°和 90°的有限元模型。图 6.27 是两种拉伸模型经有限元分析后得到的应力-应变曲线。与图 6.2 进行比较,发现计算机模拟应力-应变曲线与试验曲线有相同的趋势,两种拉伸模型的抗拉强度大致相当,只是 0°方向拉伸的模拟曲线中应力达到最大值后的下降没有试验曲线的迅速。这是由于在拉伸模拟过程中要保持有限元模型的连续性,在大应变变形下也只会出现单元的大变形,而不会出现有限元模型直接断裂的情况。

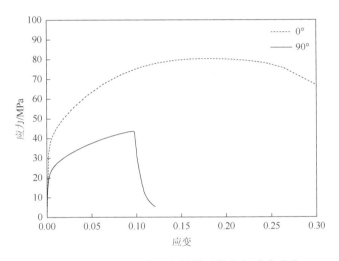

图 6.27 　不同拉伸方向下拉伸模型的应力-应变曲线

5. 有限元模型的抗拉强度

由于试验无法制备各种气孔率的规则多孔铜,试验数据只是很离散的几个数据点,并不能说明在各种不同气孔率下力学性能的变化规律。数学模型数据是通过理论计算得到的经验公式,是一种完美却单一的数学表达式,与实际试验数据会有所偏差。有限元模拟能够很容易建立不同气孔率的模型,得到很多离散的数据来验证力学性能随气孔率的变化情况,更重要的是通过有限元分析,可以得到整个拉伸过程中不同时刻的变形情况。

改变有限元模型的几何尺寸参数,用同样的方法建立气孔轴向与载荷方向成 0°和 90°且具有不同气孔率的规则多孔铜拉伸模型,通过 ANSYS 程序后处理器 POST26 可以得到不同气孔率下的抗拉强度。图 6.28 是从有限元模拟、试验测试及模型经验公式得到的0°和90°方向的规则多孔铜抗拉强度随气孔率的变化情况。通过比较可以看出，0°方向拉伸时，试验得出规则多孔铜的抗拉强度与模型数据和有限元模拟得出的数据吻合良好。规则多孔铜的抗拉强度随着气孔率的增大而线性下降。90°方向拉伸时，试验得出的抗拉强度与应力集中模型数据符合得更好，而有限元模拟数据与面积承载模型数据符合更好，但是随着气孔率的变化趋势大致相似。因此，拉伸模型的有限元分析结果能够较为准确地预测规则多孔铜的拉伸性能，对数学模型得出的数据也可以起到验证的作用。

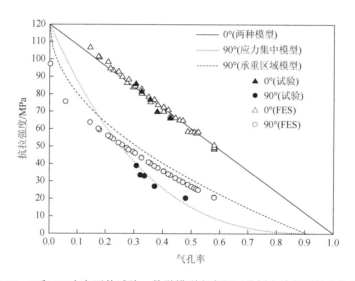

图 6.28　0°和90°方向下从试验、数学模型和有限元分析方法得到的抗拉强度

如上文所述，在同一数量级的气孔直径范围内，同一气孔率下规则多孔铜的拉伸性能差别不大。为了验证这一点，在 ANSYS 有限元分析的过程中建立了气孔率均为 58%，气孔直径分别是 0.24mm、0.28mm、0.32mm 和 0.36mm 的有限元模型。从图 6.28 中可以看出，同一数量级内气孔的平均直径对规则多孔铜的拉伸性能影响不明显。这和美国 Simone 和 Gibson[10]的研究结果是一致的，只有当气孔直径相差很大时，气孔直径对规则多孔铜拉伸性能的影响才能突显出来，但在拉伸试验过程中没有制备气孔直径悬殊的试样，更重要的是气孔直径过大，会给拉伸试样造成很大的缺陷，对拉伸试验测试的准确性影响很大。

6. 沿拉伸方向的应力分布

在试验数据和应力集中模型及面积承载模型中提到，0°方向拉伸时气孔在变形过程中不产生明显的应力集中，而在 90°方向拉伸时气孔对基体有应力集中的作用。这同样可以在有限元模拟过程中得到验证，图 6.29（a）和（b）分别是 0°方向拉伸和 90°方向拉伸模型通过 ANSYS 有限元分析软件得到沿加载方向的应力云图。可以看出，在 0°方向拉伸时气孔周围基体的应力在气孔轴向分布均匀，对气孔壁基体并没有产生大的应力集中；90°方向拉伸时的应力在气孔周围内壁分布不均匀，正如应力集中模型中所描述的，在垂直于载荷方向的气孔内壁位置处出现了最大应力，很显然气孔对基体产生了很明显的应力集中作用。

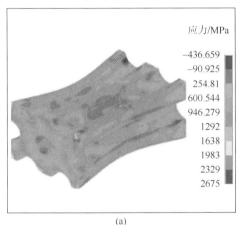
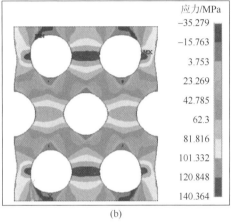

(a)　　　　　　　　　　　　　　　　(b)

图 6.29　有限元分析模型的应力云图

（a）0°方向拉伸模型；（b）90°方向拉伸模型

扫一扫　看彩图

7. Von Misel 应力分布及拉伸变形

对于金属材料，通常采用 Von Misel 屈服准则来判断塑性变形时的应力失效情况。用 ANSYS 程序的后处理器 POST26 查看不同应变时的 Von Misel 等效应力分布。图 6.30～图 6.33 分别是 0°和 90°方向不同气孔率的有限元拉伸模型在不同应变下的 Von Misel 应力分布情况，同时也表达了在拉伸过程中随着应变的变化有限元模型的拉伸变形情况。可以看出，0°和 90°方向拉伸模型在载荷作用下随着应变的增大均出现了颈缩现象，符合拉伸试验过程的真实现象。在 0°方向拉伸时，气孔对气孔周围的基体并未产生突出的应力集中，而是在发生颈缩部分的基体处均匀分布，但 90°方向拉伸时，在圆形气孔并与拉伸方向垂直的象限点处的基体出现了明显的应力集中，这与试验分析结果及圆孔周围的应力集中理论完全符合。

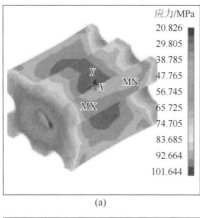
(a)

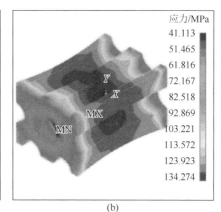
(b)

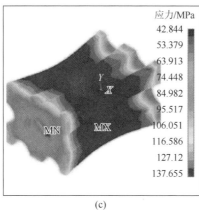
(c)

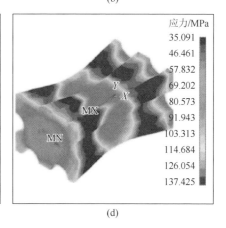
(d)

扫一扫　看彩图

图 6.30　气孔率为 32.6%的 0°方向拉伸模型不同应变下的 Von Misel 应力分布

（a）应变 $\varepsilon = 5\%$；（b）应变 $\varepsilon = 15\%$；（c）应变 $\varepsilon = 25\%$；（d）应变 $\varepsilon = 35\%$

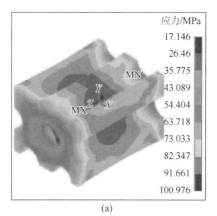
(a)

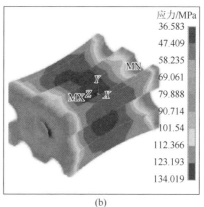
(b)

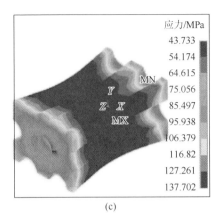
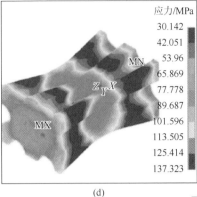

图 6.31　气孔率为 44.4%的 0°方向拉伸模型不同应变下的 Von Misel 应力分布

（a）应变 $\varepsilon = 5\%$；（b）应变 $\varepsilon = 15\%$；（c）应变 $\varepsilon = 25\%$；（d）应变 $\varepsilon = 35\%$

扫一扫　看彩图

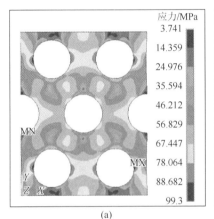
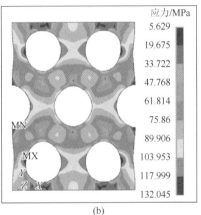

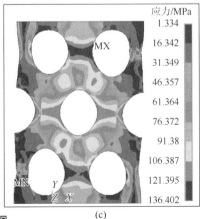
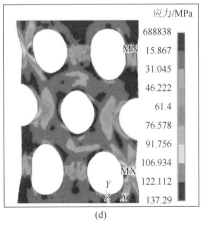

扫一扫　看彩图

图 6.32　气孔率为 32.6%的 90°方向拉伸模型不同应变下的 Von Misel 应力分布

（a）应变 $\varepsilon = 2.5\%$；（b）应变 $\varepsilon = 7.5\%$；（c）应变 $\varepsilon = 12.5\%$；（d）应变 $\varepsilon = 17.5\%$

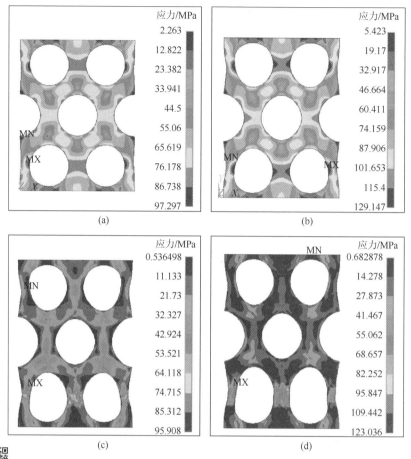

图 6.33　气孔率为 44.4%的 90°方向拉伸模型不同应变下的 Von Misel 应力分布

（a）应变 $\varepsilon = 2.5\%$；（b）应变 $\varepsilon = 7.5\%$；（c）应变 $\varepsilon = 12.5\%$；（d）应变 $\varepsilon = 17.5\%$

　　根据各个应变下有限元模型的应力分布和有限元单元的变形情况可知，0°方向拉伸时，随着拉伸应变的增加，拉伸模型的颈缩现象逐渐明显突出，由于颈缩造成有效承载面积逐渐减小，颈缩处基体的应力逐渐增大，当应变达到 35%时，有限元模型在拉伸过程中已经处于断裂阶段，应力向两端转移。90°方向拉伸时，在拉伸初期，由于气孔对基体的应力集中作用，应力迅速向与拉伸方向垂直的气孔周围基体聚集，随着应变的逐步增大，加上颈缩现象，应力逐步变大，气孔周围基体的应力集中更明显，当应变达到 12.5%时，有限元模型已经处于拉伸试验的断裂阶段，因此在随后的拉伸过程中应力减小。

　　另外，有限元模型气孔率的不同对整个拉伸变形规律没有造成大的影响，对 Von Misel 在有限元模型中的分布的影响也不大，但在各个应变下有限元模型各个节点处的 Von Misel 应力大小是不相同的。具体而言，随着气孔率的增大，Von Misel 应力在不断减小，即有限元模型的抗屈服承载能力随着气孔率的增大而降低。

8. 45°方向拉伸性能的模拟

为更完善地研究规则多孔铜拉伸性能的各向异性，在试验过程中进行了气孔轴向与拉伸方向成 45°的拉伸试验，因此在有限元分析中也试图建立了 45°方向不同气孔率大小的拉伸模型（图 6.34），通过求解计算和后处理得出相应的模拟结果。图 6.35 为不同气孔率下 0°和 45°方向拉伸试样有限元模拟抗拉强度与气孔率的变化规律，结果发现 45°方向不同气孔率下的抗拉强度和 0°方向的相差不大。究其原因是在保证相同气孔直径和气孔间距的情况下，无论是 0°方向拉伸模型还是 45°方向拉伸模型，其有效承载面积都相同。而 ANSYS 程序在计算应力时也是按照有效承载面积的方法来进行计算的，所以此 45°模型拉伸性能模拟无法用该法进行表征，还需要更进一步的研究。

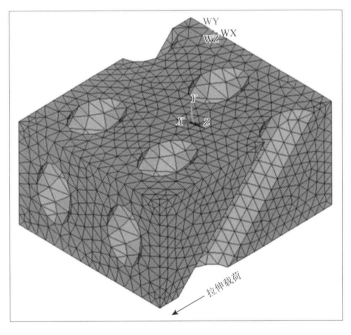

图 6.34　45°方向试样有限元拉伸模型

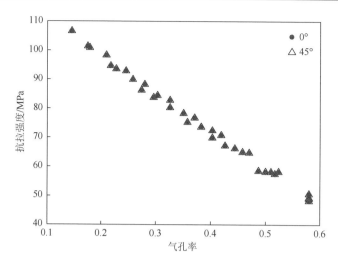

图 6.35　0°和 45°方向模拟抗拉强度与气孔率变化规律的比较

6.3.3　压缩行为有限元模拟

1. 模型的建立

由于在压缩试验中，压缩应变很大，因此在 ANSYS 程序中选用大应变实体单元 VISCO107 建立气孔轴向和压缩载荷方向成 0°和 90°的三维有限元模型，如图 6.36 所示。和拉伸有限元模型的建立一样，假设气孔在基体中呈正六边形分布，模型的气孔率由建模时气孔直径和气孔间距来确定。

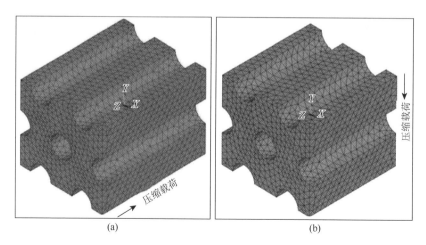

图 6.36　0°和 90°压缩方向的三维有限元模型

（a）0°方向；（b）90°方向

2. 材料特性

在进行有限元模拟的过程中需要设置与模型相关的材料参数,采用金属-气体共晶定向凝固法制备的致密纯铜的物理参数作为模拟参数,取压缩时模型的杨氏模量为 8×10^{10}Pa,泊松比为 0.32。为更准确地表征材料的特征,材料模型为多线性等向强化(MISO)模型。

3. 加载和求解

为了更真实地模拟压缩试验的实际过程,在加载过程中采用位移加载法,加载速率设置为 1mm/min,与试验过程相同。将模型沿加载方向两个端面除载荷方向外的另外两个方向的位移完全约束,同时限制压缩模型底面沿压缩载荷方向上的位移,再以 1mm/min 的加载速率在压缩模型顶面进行加载。由于压缩性能的模拟属于非线性分析,分析过程中需要打开大变形并设置适当的子步数来使问题在求解过程中计算收敛,以便得到准确的解。

4. Von Misel 应力分布及压缩变形

图 6.37~图 6.40 分别为气孔率为 22.7%和 32.6%的 0°和 90°方向有限元模型在不同压缩应变时的 Von Misel 应力分布及有限元模型的变形情况。从图 6.37 和图 6.38 中可以看出,0°方向有限元压缩模型在与气孔轴向平行的载荷作用下向四周膨胀并呈现明显的对称鼓形。随着应变的逐步增大,气孔壁发生的弯曲变形逐渐增大,以致有限元模型的气孔结构遭到破坏。同时有限元单元的应力也逐渐变大,很明显孔壁处变形最严重,从而导致孔壁处产生比较大的应力。从图 6.39 和图 6.40 中可以看出,90°方向有限元压缩模型在与气孔垂直的压缩载荷下的变形方式主要是气孔的压扁和塌陷,孔壁被压塌产生大量变形,导致气孔结构的破坏。随着压缩变形的逐渐增大,气孔孔壁逐渐贴实,多孔材料逐渐密实化。因此,在压缩过程中,0°和 90°方向的有限元模型与试验过程中规则多孔铜的变形情况一致。在同一压缩方向下的有限元模型在同一应变情况下,气孔率越大,有限元单元节点存在的 Von Misel 应力越大,这意味着气孔率越大,有限元模型更易达到材料的屈服强度而产生塑性变形,其抗压性能也就越差。

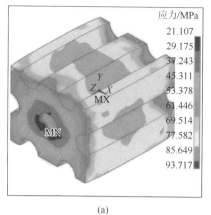

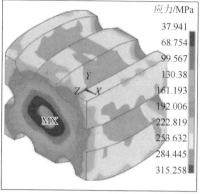

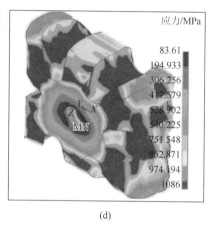

扫一扫　看彩图

图 6.37　0°方向气孔率为 22.7%的压缩模型在不同应变下的 Von Misel 应力分布

（a）应变 $\varepsilon = 5\%$；（b）应变 $\varepsilon = 20\%$；（c）应变 $\varepsilon = 35\%$；（d）应变 $\varepsilon = 50\%$

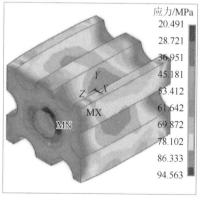

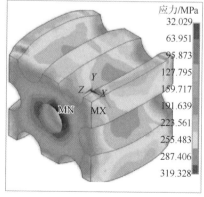

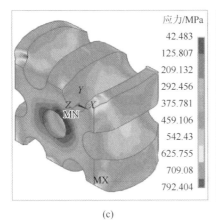

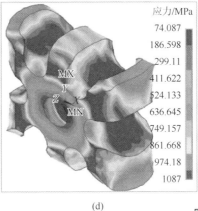

(c)　　　　　　　　　　　　　　　　　　　(d)

图 6.38　0°方向气孔率为 32.6%的压缩模型在不同应变下的 Von Misel 应力分布

（a）应变 $\varepsilon = 5\%$；（b）应变 $\varepsilon = 20\%$；（c）应变 $\varepsilon = 35\%$；（d）应变 $\varepsilon = 50\%$

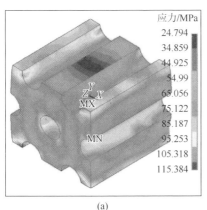

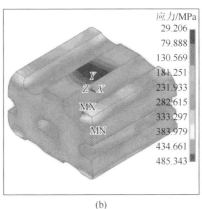

(a)　　　　　　　　　　　　　　　　　　　(b)

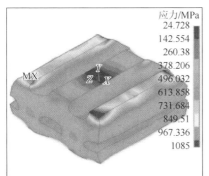

(c)　　　　　　　　　　　　　　　　　　　(d)

图 6.39　90°方向气孔率为 22.7%的压缩模型在不同应变下的 Von Misel 应力分布

（a）应变 $\varepsilon = 5\%$；（b）应变 $\varepsilon = 20\%$；（c）应变 $\varepsilon = 35\%$；（d）应变 $\varepsilon = 50\%$

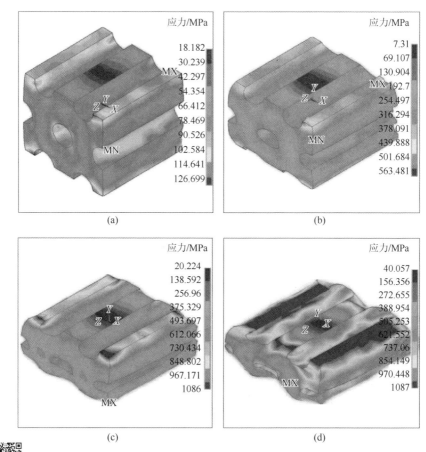

图 6.40　90°方向气孔率为 32.6%的压缩模型在不同应变下的 Von Misel 应力分布

（a）应变 $\varepsilon = 5\%$；（b）应变 $\varepsilon = 20\%$；（c）应变 $\varepsilon = 35\%$；（d）应变 $\varepsilon = 50\%$

参 考 文 献

[1]　Wolla J M，Provenzano V. Mechanical properties of GASAR porous copper[J]. Materials Research Society Symposium Proceedings，San Francisco，California，1995，371：377-382.

[2]　Provenzano V，Wolla J M，Matic P. Micro-structural analysis and computer simulation of GASAR porous copper[J]. Materials Research Society Symposium Proceedings，San Francisco，California，1995，371：383-388.

[3]　刘春廷，马继. 材料力学性能[M]. 北京：化学工业出版社，2009.

[4]　Nakajima H，Hyun S K，Ohashi K，et al. Fabrication of porous copper by unidirectional solidification under hydrogen and its properties [J]. Colloids and Surfaces，2001，179A：209-214.

[5]　Hyun S K，Murakami K，Nakajima H. Anisotropic mechanical properties of porous copper fabricated by unidirectional solidification [J]. Materials Science and Engineering A，2001，299（1-2）：241-248.

[6]　Gibson L J，Ashby M F. Cellular Solids：Structure and Properties [M]. Oxford：Pergamon Press，1988.

[7]　Eudier M. The mechanical properties of sintered low-alloy steels [J]. Powder Metallurgy，1962，5：278-290.

[8]　Balshin M Y. Relation of mechanical properties of powder metals and their porosity and the ultimate properties of porous metal-ceramic materials[J]. Doklady Akademii nauk SSSR，1949，67（5）：831-834.

[9]　Boccaccini A R，Ondracek G，Mombello E，et al. Determination of stress concentration factors in porous materials[J]. Science Letters，1995，14：534-536.

[10]　Simone A E，Gibson L J. The compressive behaviour of porous copper made by the GASAR process [J]. Journal of Materials Science，1997，32：451-457.

[11]　Hyun S K，Nakajima H. Anisotropic compressive properties of porous copper produced by unidirectional solidification [J]. Materials Science and Engineering A，2003，340：258-264.

[12]　刘培生. 多孔固体结构与性能[M]. 北京：清华大学出版社，2003.

[13]　Gibson L J，Ashby M F. Cellular Solids [M]. Cambridge：Cambridge University Press，1997.

[14]　西田正孝. 应力集中[M]. 李安定，等译. 北京：机械工业出版社，1976.

第7章　规则多孔铜的传热性能

铜及铜合金因具有高的导热性能、良好的机械性能和工艺性能，在机械、电子、航空器件的热沉装置上应用很广泛。与传统的铜热沉材料相比，开孔结构的多孔金属具有高导热性的无缝密实基体和大的比表面积，可以增加流体与散热材料的接触面积，提高散热效果。目前国内外在规则多孔金属材料的制备工艺及性能方面已开展了一些研究，但仍存在以下几方面的问题。

（1）制备工艺方面：在采用铸型下移法和连续铸造定向凝固方法时，凝固速率对气孔率、气孔平均孔径、气孔分布均匀性等方面的影响还未有明确的结论。

（2）性能研究方面：国内外对规则多孔金属的性能研究主要涉及力学和声学方面，而对其热学性能的研究很少，国内还没有。而这一点对规则多孔金属用作热沉散热装置非常重要，国外也只是建立了简单的预测模型。因此有必要从理论上和试验上研究规则多孔铜材料的散热能力，为开发规则多孔铜材料在大规模集成电路热沉装置上的应用奠定理论基础。

综上所述，本章以信息、航空航天、核能等领域广泛应用的热沉装置为背景，开展热沉所需材料——规则多孔铜的制备、规则多孔铜热膨胀性能和热沉传热性能的研究，分析规则多孔铜气孔结构参数与其相关热学性能之间关系的一般性规律。从理论和试验上研究流体流经规则多孔铜翅片结构热沉时的流动特性和传热特性，为规则多孔金属材料在大规模热沉装置上的应用提供参考，这将对于促进该类新材料的发展和应用，提供重要的理论依据和现实意义。

7.1　热膨胀机理及理论预测

7.1.1　热膨胀机理

材料的热膨胀是指材料的体积或长度随着温度的升高而增大的现象。一般认为，材料的各种热学性能均与晶格振动有关，固体材料的热膨胀系数是固体受热以后晶格振动加剧而引起的容积膨胀[1]，而晶格振动的激化就是热运动能量的增大，这与热容的定义相似。在低温时，随着温度的升高，材料的热振动加强，热容与温度按 T^3 指数变化[1]，温度较高时，由于金属存在热缺陷，热容仍有一个连续的增加，当温度在德拜温度附近时，热容趋于常数，而德拜温度 $\theta_D =$ （$0.2\sim0.5$）T_0，因此固体材料的热膨胀系数随温度的变化也是先逐渐增大（呈指数变化）后趋于稳定值，其原理公式为式（7.1）：

$$a_T = \frac{\mathrm{d}L}{\mathrm{d}T} \cdot \frac{1}{L} \tag{7.1}$$

式中，a_T 为 T 温度时材料的线膨胀系数，K^{-1}；$\mathrm{d}L$ 为在 $\mathrm{d}T$ 温度下试样的长度变化量。而对于复合材料，在制备或冷却过程中，由于基体和增强体热膨胀系数不匹配，内部界面不均匀而存在各向异性。当试样加热时，会在基体壁处产生应力，从而使基体发生相应的弹性变形；同时，温度每升高 ΔT 时，将会产生 $\Delta a\Delta T$ 的热错配应变（Δa 为基体与增强体的热膨胀系数之差），因此，复合材料的热膨胀系数是由基体的膨胀和热错配应变共同组成的。

7.1.2　热膨胀系数的理论预测

一般固体单相材料的热膨胀系数均依据式（7.1）来计算，而复合材料由于含有基体和纤维增强体，其热膨胀系数（thermal expansion coefficient，CTE）存在各向异性，可分为有效热膨胀系数、纵向热膨胀系数 $a_\perp$ 和横向热膨胀系数 $a_{/\!/}$，目前已经提出了多种计算复合材料热膨胀系数的理论预测式。

Nakajima 等[2, 3]基于 Eshelby 夹杂理论和平均应力场理论（MTMF），提出了复合材料的有效热膨胀系数 a 的经验公式：

$$\overline{a} = a_\mathrm{m} + f_\mathrm{n}[C_\mathrm{m} + (C_\mathrm{n} - C_\mathrm{m})(f_\mathrm{m}S + f_\mathrm{n}I)]^{-1}C_\mathrm{n}(a_\mathrm{n} - a_\mathrm{m}) \tag{7.2}$$

式中，a_m、C_m、f_m 分别为基体的热膨胀系数、弹性常数和体积分数，$f_\mathrm{m} = 1 - f_\mathrm{n}$；$a_\mathrm{n}$、$C_\mathrm{n}$、$f_\mathrm{n}$ 分别为增强体的热膨胀系数、弹性常数和体积分数；S 为 6 阶 Eshelby 张量；I 为单位矩阵。

在此基础上得到扩展的多相复合材料有效热膨胀系数计算式：

$$\overline{a}_{(n+1)} = \overline{a}_{(n)} + \frac{\Delta f}{1 - n\Delta f}\left[\overline{C}_{(n)} + (C_I - \overline{C}_{(n)}) \times \left\{\frac{1 - (n+1)\Delta f}{1 - n\Delta f}S + \frac{\Delta f}{1 - n\Delta f}I\right\}\right]^{-1}C_I(a_I - \overline{a}_{(n)}) \tag{7.3}$$

Levin 在热弹性应力应变的基础上提出了两相复合材料的有效热膨胀系数预测式：

$$\overline{a} = f_\mathrm{m}a_\mathrm{m} + f_\mathrm{n}a_\mathrm{n} + \frac{a_\mathrm{m} - a_\mathrm{n}}{[(1/B_\mathrm{m}) - (1/B_\mathrm{n})]}\left[\frac{1}{K} - \left(f_\mathrm{m}\frac{1}{B_\mathrm{m}} + f_\mathrm{n}\frac{1}{B_\mathrm{n}}\right)\right] \tag{7.4}$$

式中，B_m、B_n 分别为基体和增强体的体积模量；K 为复合材料的有效剪切模量。最早的复合材料线膨胀系数是基于应力平衡理论提出的，其经验公式为[4]

$$a = \frac{\sum \dfrac{a_i E_i W_i}{\rho_i}}{\sum \dfrac{E_i W_i}{\rho_i}} = \frac{\dfrac{a_m E_m W_m}{\rho_m} + \dfrac{a_f E_f W_f}{\rho_f}}{\dfrac{E_m W_m}{\rho_m} + \dfrac{E_f W_f}{\rho_f}} \tag{7.5}$$

式中，a_i、ρ_i、E_i、W_i分别为材料内第i相的线膨胀系数、密度、弹性模量和质量分数；下标 m、f 分别为基体和增强体对应的参数。

文献[5]则基于能量理论提出了一维纤维增强单相复合材料的 $a_\perp$ 和 $a_{/\!/}$ 的表达式：

$$a_{/\!/} = \frac{\sum a_i E_i V_i}{\sum E_i V_i} = \frac{a_m E_m V_m + a_{f1} E_{f1} V_f}{E_m V_m + E_{f1} V_f}$$

$$a_\perp = (1 + v_m) a_m V_m + (1 + v_{f12}) a_{f1} V_f - a_1 v_{12} \tag{7.6}$$

式中，V_i为材料中第i相的体积分数；V_m、V_f分别为基体和增强体的泊松比。

7.2 气孔与热膨胀系数

图 7.1 为无孔纯铜和不同气孔率的规则多孔铜试样在不同温度（40～300℃）下的轴向延伸率曲线，由图可知，不同气孔率试样的轴向延伸率随温度的升高而增大，温度相同时，气孔率越小，延伸率（dL/L）的值越大，且无孔纯铜与多孔铜的延伸率随温度的变化趋势相同。

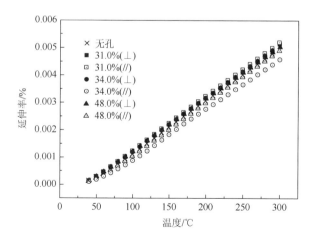

图 7.1 不同气孔率下沿垂直和平行气孔方向的规则多孔铜温度与延伸率的关系

7.2.1　气孔率对热膨胀系数的影响

对图 7.1 中曲线取一阶导数，得到温度与热膨胀系数（CTE）之间的关系（图 7.2 和图 7.3）。可以看出，不同方向和不同气孔率试样的 CTE 值均随温度的升高先急剧增大后趋于平缓，即温度为 40～130℃时，CTE 值随温度的升高急剧增加；当温度大于 130℃时，CTE 值随温度的变化曲线趋于平缓，接近于稳定值。

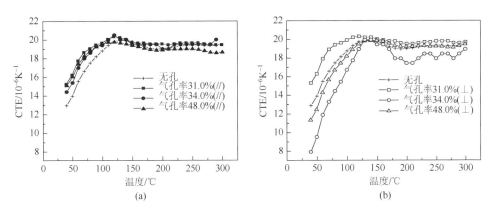

图 7.2　不同气孔率下试样 CTE 与温度的关系曲线

（a）平行气孔方向；（b）垂直气孔方向

同一方向下，不同气孔率试样在不同温度下的 CTE 值变化曲线如图 7.2 所示。由图可以看出，温度为 40～130℃时，在平行气孔方向上，不同气孔率试样的 CTE 值近似相同，均略高于无孔纯铜，在垂直气孔方向上，不同气孔率试样的 CTE 值大小不同。

7.2.2　气孔方向对热膨胀系数的影响

不同气孔方向对 CTE 的影响如图 7.3 所示。可以看出，气孔率相同时，平行气孔方向的 CTE 值大于垂直气孔方向的 CET 值。但气孔率为 31.0%时，平行气孔方向的 CTE 值略微大于垂直气孔方向的 CET 值，差值较小；气孔率为 34.0%和 48.0%时，平行气孔方向与垂直气孔方向的 CET 值相差较大。

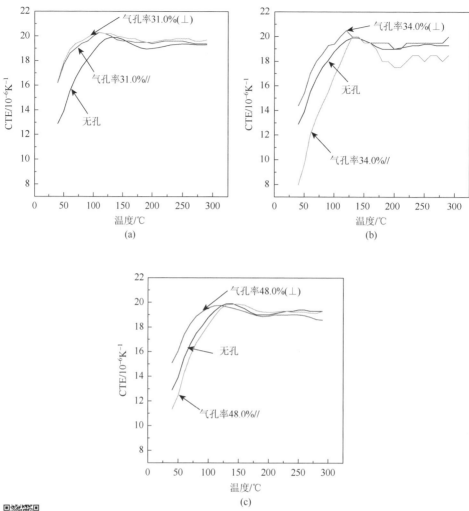

图 7.3 不同孔分布方向下试样 CTE 与温度的关系曲线

（a）气孔率为 31.0%；（b）气孔率为 34.0%；（c）气孔率为 48.0%

扫一扫 看彩图

7.3 等效热膨胀系数分析

热膨胀系数与温度的关系曲线如图 7.2 和图 7.3 所示。由于金属铜内部存在大量的晶界，在不受外力时，随着温度的升高，晶面上的应力大于晶粒面内的应力，即存在一个界面应力差。界面应力差越大，对应界面能越大。界面能阻碍晶粒长大或组织膨胀，所以在低温时界面能阻碍作用大，对应的 CTE 值较小。随着温度上升，界面应力差不断减小，界面能对组织膨胀的阻碍作用也会逐渐减小，最终趋于平缓。即温度在 40～300℃时，无孔纯铜的 CTE 值随温度的升高先逐渐增大，最终趋于平稳。

7.3.1 气孔方向（平行）对等效热膨胀系数的影响

多孔铜内部气孔沿试样轴向均匀分布，气孔在试样中主要以闭孔的形式存在，试样加热时，气孔中封闭的气体发生膨胀，基体铜和孔内气体的热膨胀系数存在差异并产生热失配应力，而使金属的热膨胀系数发生改变。Nakajima 等[2]提出将多孔铜视为宏观弹性各向同性，气孔径向面为各向同性面，结合式（7.2）可计算规则多孔铜的等效热膨胀系数，其中式（7.2）中下标 m、n 分别为基体铜和增强体气孔，$f_n = \varepsilon$；S 为 2 阶 Eshelby 张量，I 为单位矩阵。C_m 为二阶矩阵，当平行气孔方向上时表示为杨氏模量 E_1^0，根据文献[6]可知，$E_1^0 = 73.1$GPa（室温下），且 E_1 随温度的变化满足：

$$E_1 = E_1^0(1 - 25a_m T) \tag{7.7}$$

式中，E_1 为温度在 T 时基体的弹性模量。张量 S[2]是通过将气孔看作针状夹杂物存在于基体中计算得出的，具体值见表 7.1。

表 7.1 热膨胀试验的试样参数

序号		1	2（垂直）	3（平行）	4（垂直）	5（平行）	6（垂直）	7（平行）
气孔率/%		0	31.0		48.0		34.0	
孔径/mm		0	0.150		0.416		0.270	
等效球体直径/mm		0	0.633		1.87		1.398	
弹性模量/GPa			95.6	73.1	95.6	73.1	95.6	73.1
CTE/10^{-6}K^{-1}	基体铜	12.888						
	气体	3.66						
张量 S			0	0.6931	0	0.6931	0	0.6931

C_n 为气孔内气体的体积模量（气体无杨氏模量和剪切模量）：

$$C_n = \frac{V dp}{dV} = \rho \frac{dp}{d\rho} = \rho \cdot c^2 \tag{7.8}$$

式中，ρ 为气孔内气体的密度；c 为气体的声速，c 随温度的变化由式（7.9）计算得出。

$$c = 331.45 \times \left(1 + \frac{T}{273.15}\right)^{0.5} \tag{7.9}$$

将式（7.7）、式（7.8）、式（7.9）代入到式（7.2）中，得出等效热膨胀系数计算式：

$$a = a_{\mathrm{m}} + \cfrac{\varepsilon \cdot \rho \cdot 331.45 \times (1 + T / 273.15)(a_{\mathrm{n}} - a_{\mathrm{m}})}{E_1^0 (1 - 25 a_{\mathrm{m}} T) + [\rho \cdot 331.45 \times (1 + T / 273.15) - E_1^0 (1 - 25 a_{\mathrm{m}} T)] \cdot [(1 - \varepsilon)S + \varepsilon]}$$

$$(7.10)$$

式中，试样各参数具体值见表 7.1，分别计算出 T 为 40℃（313K）和 100℃（373K）时不同气孔率规则多孔铜的 CTE 理论值，并与试验值进行对比，如图 7.4 所示，可以看出，平行气孔方向上，规则多孔铜的 CTE 值随气孔率的增大而缓慢增大。试验值与理论预测值有相似的变化趋势，但试验值偏大于模型公式预测值，这可能是由模型的合理性和试样本身造成的。试验测量时，试样气孔率存在通孔或半通孔，而理论预测时均假设气孔为闭孔。

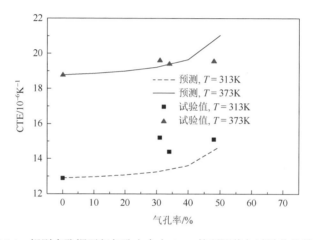

图 7.4　规则多孔铜平行气孔方向上 CTE 的预测值与试验值比较图

7.3.2　气孔方向（垂直）对等效热膨胀系数的影响

垂直气孔方向上，气孔沿试样侧表面均匀分布，气孔主要以通孔的形式存在。通孔率对热膨胀系数的影响目前还存在一定的争议，文献[7]认为，多孔材料可以看成是在基体上分布孔洞的复合材料，加热时气孔内部不存在气体的膨胀，不会产生热应力，气孔的刚度为 0，气孔会显著降低金属的刚度，但这些气孔的存在（不考虑其尺寸、形状和体积分数）不会影响金属的 CTE 值。文献[8]中提到，气孔也可作为热膨胀系数为零的第二相存在，会降低金属的热膨胀性能。

试验测得不同气孔率下规则多孔铜垂直气孔方向上 CTE 值如图 7.2（b）所示，可以看出，气孔率为 31.0%时 CTE 值比纯铜的大，而 34.0%和 48.0%气孔率对应的 CTE 值较纯铜的小。这主要是由于垂直气孔方向上的 CTE 值与气孔的存在形式有关。当气孔主要以闭孔形式存在时，孔内存在大量受热膨胀的气体，CTE 值可依据式（7.10）计算，比纯铜的 CTE 值高（如气孔率为 31.0% 时），且随气孔率的增大而缓慢增大。相反地，气孔率为 34.0% 和 48.0% 时，气孔主要以通孔的形式存在，假设其热膨胀系数为零，试样加热时，不存在气体的膨胀和热失配应力的产生，此时基体膨胀的约束主要依靠界面区来传递。界面区面积越大，基体变形的约束力越强，材料的热膨胀系数就越低。单位体积上的界面区面积[8]由式（7.11）计算：

$$I_c = \frac{6V_p}{d} \tag{7.11}$$

式中，I_c 为单位体积上基体铜和气孔的界面区面积；V_p 为气孔的体积分数（气孔率）；d 为等效球体气孔直径。试验测量的试样气孔率和孔径见表 7.1，代入到式（7.11）得出，气孔率为 48.0% 时的界面区面积小于气孔率为 34.0% 时，对应的 CTE 值较气孔率为 34.0% 时的大。因此，规则多孔铜中气孔均为通孔时，气孔率与孔径的比值越大，界面区面积越大，基体铜变形的约束力越强，从而导致规则多孔铜的 CTE 值就越低。

为了将规则多孔铜作为热沉材料应用在散热装置上，根据热沉用材料应遵循的基本原则，本章对无孔纯铜和不同气孔率（气孔率为 31.0%、34.0% 和 48.0%）规则多孔铜试样在不同温度（40～300℃）下沿平行和垂直气孔方向上的 CTE 进行测量，研究了气孔、气孔方向和气孔率对其 CTE 的影响规律，并对其规律做了理论预测。结果如下：

（1）规则多孔铜的 CTE 随温度的升高先急剧增大后趋于稳定值。

（2）当温度为 40～130℃，气孔中存在闭孔时，规则多孔铜的 CTE 值随气孔率的增大而缓慢增大，且比纯铜的略大；当气孔主要以通孔形式存在时，气孔率与孔径的比值越大，规则多孔铜的 CTE 值越低。

（3）当温度大于 130℃时，规则多孔铜的 CTE 与纯铜的几乎相同，气孔的存在对铜的膨胀无明显影响，这与热沉用材料对其 CTE 的要求完全相符。

7.4　多孔铜翅片结构热沉性能

7.4.1　多孔铜翅片结构热沉的流动特性

分析流动特性的阻力试验是在不同流量下测量的，不考虑热源温度的影响。流体经过多孔铜翅片后，均匀分布的通孔阻碍水流的经过，从而产生压力降。试验测量时，需考虑进出口截面忽然变化引起的压降（去除进出口局部阻力损失和稳流区沿程阻力损失后的压差值），最终压降值为两个进出口数显式控制仪转换得出的压差减去试验过程中的压力损失值，试验件的试样具体尺寸可见表 7.2。

表 7.2　试验件试样尺寸

试样编号	气孔率/%	孔径/mm	翅片高度/mm	横向孔距/mm	纵向孔距/mm	孔间距/mm	气孔横向排数 N_x
$1^{\#}$	32.4	0.416	12	0.348	0.603	0.696	20
$2^{\#}$	46.8	0.416	12	0.289	0.501	0.578	24
$3^{\#}$	48.7	0.782	12	0.533	0.924	1.066	13
$4^{\#}$	55.6	0.782	12	0.499	0.865	0.998	14

根据对传热学理论的了解，流体流经规则多孔铜翅片的流动情况可视为多个圆管内的流动，该方法的特征长度为气孔的平均直径（假设气孔分布均匀）。也可将气孔近似为填充层的管内流动，其特征长度为多孔铜翅片水力半径。

1. 圆管内流动

根据圆管内流动分析，雷诺数计算式为

$$Re = d_{mean} u / \upsilon \tag{7.12}$$

式中，u 为流体流经规则多孔铜翅片的流速，m/s；υ 为流体的动力黏度，m^2/s；d_{mean} 为气孔的平均直径（特征直径），m。计算出 $Re < 2320$，为层流。根据达西定律有

$$\Delta p = f \cdot \frac{W}{d_{mean}} \cdot \rho \cdot \frac{u^2}{2} \tag{7.13}$$

式中，f 为阻力系数，$f = \dfrac{64\upsilon}{d_{mean}u}$，代入到式（7.13）中，得出压降与流量的关系式：

$$\Delta p = \frac{128\rho\upsilon \cdot W \cdot U}{N\pi \cdot d_{mean}^4} \tag{7.14}$$

式中，ρ 为流体的密度，kg/m^3；U 为流体的体积流量，L/h；N 为气孔的个数。

2. 固体填充层内流动

流体在多孔材料中的流动可近似为固体填充层内的流动，根据管束理论和 $Ergun^{[9]}$ 方程，得到流体流速与压降的关系式：

$$\Delta p = \frac{H\upsilon\rho \cdot u}{(d'/4)^2 K} \tag{7.15}$$

式中，H 为翅片的高度，m；K 为比例常数；d' 为规则多孔铜翅片的水力直径，m；根据水力直径的定义：

$$d' = \frac{4 \times \text{供流体流动的体积}}{\text{总湿润表面积}} = \frac{4V_0}{A_2} = \frac{4\varepsilon}{\left(\dfrac{\varepsilon}{d_{\text{mean}}} + \dfrac{1-\varepsilon}{W}\right)} \tag{7.16}$$

$$A_2 = N\pi d_{\text{mean}}W + (1-\varepsilon)LH \tag{7.17}$$

式中，$V_0 = \varepsilon V$；u_0 为流体的流速，m/s；且 $u_0 = u \cdot \varepsilon = U / A$，$A$ 为多孔铜翅片的截面积；将以上各式代入到式（7.15）中，得到流体的流量与压降的计算式：

$$\Delta p = u^2 \cdot \frac{\rho}{2} \frac{H}{d'} f = 1.1 \frac{U^2}{\varepsilon^2 L^2 H} \rho \cdot \frac{1}{d'} \left(\frac{0.4}{\varepsilon}\right)^{0.75} \left[\frac{64\upsilon LH}{Ud'} + 1.8 \times \left(\frac{\upsilon LH}{Ud'}\right)^{0.1}\right] \tag{7.18}$$

式中：

$$f = 2.2 \times \left(\frac{0.4}{\varepsilon}\right)^{0.75} \left(\frac{64}{Re} + \frac{1.8}{Re^{0.1}}\right) \tag{7.19}$$

$$Re = \frac{Ud'}{LH\upsilon} \tag{7.20}$$

3. 摩擦阻力系数

根据在流动过程中摩擦力与压力差的受力平衡，当流体流经多孔铜翅片进出口压差 Δp 确定时，摩擦阻力系数可按式（7.21）计算：

$$f = \frac{2\Delta p}{N_x \rho u^2} \tag{7.21}$$

式中，N_x 为沿流体流动方向气孔的排数，$N_x = \dfrac{H}{\dfrac{\sqrt{3}d_{\text{mean}}}{4}\left(\dfrac{\sqrt{3}\varepsilon}{2\pi}\right)^{-0.5}}$；$H$ 为翅片的高度。

4. 流动特性分析

若将多孔铜翅片上的气孔视为均匀分布，根据规则多孔铜气孔呈正六边形分布的特征，则可假设取一单元孔，如图 7.5 所示。

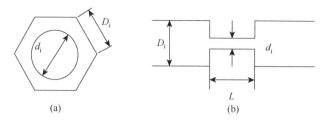

图 7.5 　（a）多孔铜单元简图；（b）变截面流体流动简图

内径从 D_i 的正六边形通道变为内径 d_i 的通道，再由内径为 d_i 的通道变为 D_i 的正六边形通道，由此而造成的局部阻力损失为 Δp_j；从试验段入口处到多孔铜翅片出口流动过程中的沿程阻力损失为 Δp_f；则流体流经规则多孔铜翅片结构的阻力损失 Δp 为

$$\Delta p = \Delta p_0 - \Delta p_j - \Delta p_f \qquad (7.22)$$

管道发生变化引起的局部阻力损失[10]Δp_j 可按式（7.23）计算：

$$\Delta p_j = 0.5 \times \left(1 - \frac{S_2}{S_1}\right)^2 \frac{\rho \cdot u^2}{2} + \left(\frac{S_1}{S_2} - 1\right)^2 \qquad (7.23)$$

式中，S_2 为直径为 d_i 的气孔的面积；S_1 为边长为 D_i 的正六边形的面积。

流体流经翅片的沿程阻力损失按非圆形通道沿程能量损失进行计算，见式（7.24）：

$$\Delta p_f = \frac{C}{Re} \frac{W}{d'} \frac{\rho u^2}{2} \qquad (7.24)$$

式中，C 为摩擦阻力系数，与通道的截面及形状有关，经计算查表得出 C 取 95.6。试验所得的数据经计算处理后，得出 5 个试验件的沿程阻力与局部阻力损失之和分别占其总压差的百分比，计算结果见表 7.3。

表 7.3 　压力损失计算结果

气孔率/%	平均孔径/mm	水力直径/mm	局部压力损失/Pa	沿程压力损失/Pa	试验测量最大压差/Pa	压力损失百分比/%
0.312	0.416	1.354	0.486	30.07	680	4.49
0.324	0.416	1.367	0.469	29.77	650	4.46
0.468	0.416	1.488	0.291	27.36	490	5.64
0.487	0.782	2.593	0.270	15.69	220	7.25
0.556	0.782	2.706	0.202	15.04	170	8.96

5. 压降与流量的关系

试验测得冷却流体流经不同气孔率翅片的压降与流速关系的曲线如图 7.6 所示。可以看出，同一气孔率时，冷却流体压降随流速的增大而增大；流速相同时，翅片气孔的平均直径越小，对应的压降就越大。当流速达到最大 0.0378m/s 时，气孔率为 32.4%、孔的平均直径为 0.782mm 的多孔铜翅片压降是传统翅片式的 10 倍以上。

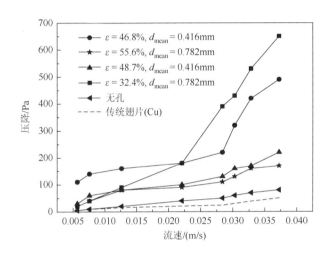

图 7.6　压降与流速的关系曲线

在流速相同时，气孔率为 46.8%的试样对应的压降大于气孔率为 48.7%的压降，随着流量的不断增加，二者的差值也逐渐增大。由于气孔率为 46.8%和 48.7%的试样的分布都比较均匀，且在翅片厚度的范围内均能保证通孔，气孔率也相差很小，则出现的试验结果可说明：气孔率相同时，气孔尺寸较小的多孔铜翅片会产生较大的压力差。

对比气孔率为 32.4%和 46.8%的试样，可以看出，当流量较小时，二者的压降差值变化不大，随着流量的增加，差值也逐渐变大。而气孔率为 32.4%和 46.8%的试样有着相同的气孔直径和较均匀的气孔分布，除气孔率不相同外，其他参数均一致。结果说明：孔径相同时，气孔率越小，产生的压力差就越大。同样对比气孔率为 48.7%和 55.6%的试样，也存在这样的变化。

6. 摩擦阻力系数的对比分析

流体流经具有不同气孔率和孔径的规则多孔铜翅片结构热沉的摩擦阻力系数

对比关系如图 7.7 所示，由图可以看出，当雷诺数＜30 时，各试验件对应的摩擦阻力系数差别较大；雷诺数＞30 时，各试验件的摩擦阻力系数相差较小。分析其原因如下。

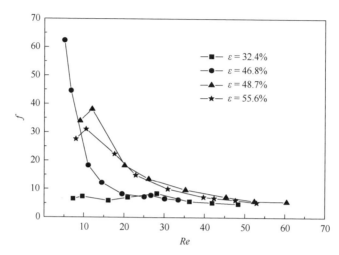

图 7.7　摩擦阻力系数与雷诺数的关系曲线

将式（7.12）与式（7.21）结合可得

$$f = \frac{2\Delta P d_{\mathrm{mean}}^2}{N_{\mathrm{x}}\rho \cdot \upsilon^2 Re^2} \tag{7.25}$$

对比 2#试样（气孔率为 46.8%）和 3#试样（气孔率为 48.7%）的试验件，虽然 2#试样对应的压降较 3#大（可参考图 7.6），但 2#由于气孔直径较小，约是 3#的 0.53 倍（具体数据见表 7.2）；气孔分布的个数相对就大，2#试样横向气孔排数 N_{x} 就较多，约是 3#的 2 倍。由式（7.25）可知，当雷诺数＞30，且同一雷诺数时，比较 2#和 3#试样的 $\Delta P d_{\mathrm{mean}}^2 N_{\mathrm{x}}^{-1}$，其差值很小。即雷诺数在一定范围内，2#试样的摩擦阻力系数随雷诺数的变化关系近似与 3#试样的相同。同时，通过表 7.2 可知：2#试样和 3#试样对应的气孔长径比并不相等，其值分别为 28.8 和 15.3。但图 7.7 显示，当雷诺数＞30 时，试样的长径比对其摩擦阻力系数与雷诺数的关系并没有直接的影响。故在试验过程中布置不同间距和不同厚度的多孔铜翅片来测量压降，对摩擦阻力系数与雷诺数的关系并无影响，这与文献中对于流体流经翅片结构热沉的结论相似。

7. 采用圆管内流动的结果分析

以气孔的平均孔径为当量直径的管束式圆管内流动计算方法，目前已有许多学者进行了大量的研究，并得出了相关的流动特性理论计算公式。这里借助几个具有代表性的流体在层流下流动的特性关联式来分析流体流经规则多孔铜翅片结构的阻力特性。

流体在圆管（顺排或叉排）内层流下的摩擦阻力关联式：

$$f = \frac{280\pi\left\{\left[\left(\dfrac{S_L}{D}\right)^{0.5} - 0.6\right]^2 + 0.75\right\}}{Re\left(4\dfrac{S_L S_d}{D^2} - \pi\right)c^{1.6}} \tag{7.26}$$

式中，S_L 为相邻两个圆管间的距离（试验计算过程中为气孔间的距离）；S_d 为两个圆管间的纵向距离。试验中 $S_L = \dfrac{d_{mean}}{4}\left(\dfrac{\sqrt{3}\varepsilon}{2\pi}\right)^{-0.5}$；$S_d = \dfrac{\sqrt{3}d_{mean}}{4}\left(\dfrac{\sqrt{3}\varepsilon}{2\pi}\right)^{-0.5}$，$D$ 为管径，这里 D 为 d_{mean}，$c = \dfrac{S_L}{d_{mean}}$，具体数值见表 7.2。

相应的摩擦阻力系数关联式为

$$f = \frac{106}{Re} \tag{7.27}$$

不同相对粗糙度的管道中阻力系数 f 和 Re 的关系式：

$$f = \frac{64}{Re} \tag{7.28}$$

该关系式指出，当雷诺数<2320 时，粗糙度对 f 无影响，f 只是关于 Re 的函数，该式也是圆管内层流计算阻力系数最常用的计算式。

水在圆管内层流时的阻力系数为[10]

$$f = \frac{2h_f d}{lu^2} \tag{7.29}$$

式中，h_f 为水头损失；l 为管长；d 为管径。

1）压降与流量的试验值和理论关联式的对比分析

图 7.8 呈现了模型理论公式的压降与流量预测值和试验数据的符合情况，说明气孔率为 47.8%、平均孔的直径为 0.782mm 的多孔铜翅片的模型符合得较好，偏差不大。气孔率为 46.8%、孔的直径大小为 0.416mm 的试验值与模型公式预测值有相似的趋势，但试验值偏小于模型公式预测值，这可能是由理论的合理性和试样本身造成的，理论关联式（7.14）中均假设气孔分布均匀且通孔率为 1，但实际中，气孔的尺寸不同就会导致气孔的分布情况不同，翅片中存在的封闭气孔阻碍流体的流动，在相同的流量下，压降的值偏小，造成了实际数值与理论数值不符合的现象。

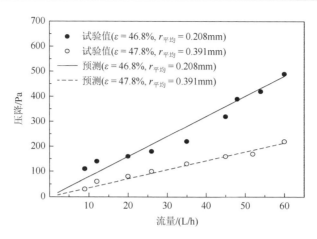

图 7.8　压降与流量的理论数据和试验数据的符合情况

2）试验测得摩擦阻力系数与理论式的对比分析

图 7.9 给出了 2#试样和 3#试样摩擦阻力系数与雷诺数的理论关联式和试验数据的对比情况，由图可以看出，通过理论关联式计算得到的数据略低于试验测量的数据。对于 2#试样来说，当雷诺数>20 时，摩擦阻力系数的理论值与试验测量值符合得较好，而雷诺数<20 时，试验值较理论值高。分析其产生的原因可能是：试验测量过程中，雷诺数较小时（流体流量较小），由于流体在多孔铜翅片气孔间未能达到充分流动，流体与翅片间的接触面积较理论值小，测量到的压力差比理论值大。根据式（7.25）分析可知，得到的摩擦阻力系数值较理论值大。

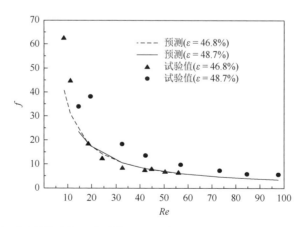

图 7.9　2#和 3#试样的摩擦阻力系数与雷诺数的理论关联式和试验数据的符合情况

图 7.10 给出了 3#试样和 4#试样摩擦阻力系数与雷诺数的理论关联式和试验数据的符合情况，可以看出，和图 7.9 的符合情况相似，雷诺数相同时，试验所得

摩擦阻力系数的数据略高于理论关联式计算的数据。不同的是：图 7.9 中 2#试样和 3#试样的气孔率大小近似相等，孔径相差较大。从图 7.9 中的理论数据曲线可以看出，当 20＜雷诺数＜60 时，2#试样和 3#试样对应的摩擦阻力系数理论值相差不大，与试验结果较吻合。而图 7.10 中 3#试样和 4#试样的气孔直径相同，气孔率差别较大，同一雷诺数时，3#试样对应的摩擦阻力系数理论值和试验值均较 4#试样的大。结果可表明，孔径相同时，气孔率小的试样对应的摩擦阻力系数较大。

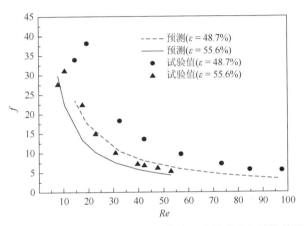

图 7.10　3#和 4#试样的摩擦阻力系数与雷诺数的理论关联式与试验数据的符合情况

3）采用固体填充层内流动的结果分析

由表 7.2 和表 7.3 的数据可知，1#试样、2#试样、3#试样和 4#试样的水力直径分别为 1.367mm、1.488mm、2.593mm 和 2.706mm。水力直径不同，其雷诺数的大小也不同，但摩擦阻力系数的大小不变，均按式（7.21）计算。

采用固体填充层内流动法得出的各试样摩擦阻力系数对比如图 7.11 所示。与图 7.7 相比，图 7.11 显示出相同的特性，雷诺数＜30 时，各试验件对应的摩擦阻力系数差别较大；雷诺数＞30 时，各试验件的摩擦阻力系数近似相同。

7.4.2　多孔铜翅片结构热沉的传热特性

随着电子技术高性能、集成化、微型化的发展趋势，电子产品的散热问题越来越突出[11]。一些结构设计新颖、性能优越的热沉装置层出不穷，而对于表面的热沉传热，通常都在表面加翅片以改善其传热效果。目前已研究的翅片热沉有环形结构、矩形、六角形、螺旋形、波螺旋形、垂直纵向翅片、针形翅片等，翅片结构不同，其传热效果也不同。试验以采用金属-气体共晶定向凝固技术制备的规则多孔铜作为热沉材料，以普通的翅片式结构来研究其传热性能，理论分析传热过程、热阻和传热系数等，并探讨出试样工艺参数及尺寸对热沉传热性能的影响规律。

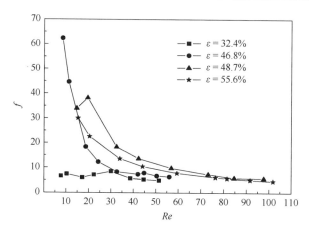

图 7.11　摩擦阻力系数与雷诺数的关系曲线

采用固体填充物流动法

为了进一步研究分析多孔铜翅片结构热沉的传热性能，试验时，在热沉铜基板的底部设置有加热件，用以模拟热源的发热情况，热量从发热件处产生，向热沉底部基板传递，通过基板与翅片间的导热传热到翅片表面，再由翅片上气孔内表面与冷却流体间进行对流换热，最终热量被冷却流体带走，冷却流体温度升高。理论分析这一过程时，需做如下的假设。

（1）翅片气孔内部的传热只沿气孔轴线方向，气孔径向的传热忽略不计，同时，认为热量在铜基板底部分布均匀，热量只沿底部垂直方向传递。

（2）试验段各部件材料和冷却流体的物性参数不随温度的升高而变化。

（3）热沉顶部端盖处放置有机玻璃，四周又加保温棉进行处理，因此认为整个试验段与外界绝热。

（4）冷却流体为不可压缩流体，且各部件之间的导热为稳态导热。

1. 翅片结构模型的传热过程分析

（1）热传导过程 Q_1：热量经热沉的铜基板沿垂直于底板方向传入未被其孔占据的端面，则根据傅里叶导热定律式（7.30）有

$$Q_1 = \frac{T_u - T_b}{\dfrac{\delta}{\lambda_\perp A_1}} \qquad (7.30)$$

式中，A_1 为热源与热沉基板表面的接触面积；δ 为铜基板厚度；$\lambda_\perp$ 为多孔铜垂直气孔方向上的热导率[11]，335W/(m·℃)；T_b 为铜基板的表面温度；T_u 为多孔铜翅片上表面温度。

（2）对流过程 Q_2：未被气孔占据的端面和气孔内表面发生对流换热过程，热量通过冷却水传出，则

$$Q_2 = \frac{T_b - T_f}{\dfrac{1}{hA_2\eta_0}} \qquad (7.31)$$

式中，t 为时间，s；h 为翅片上气孔的平均对流换热系数，W/(m²·℃)；A_2 为冷流体与固体壁面参与换热的接触面积（即翅片上未被气孔占据的端面及气孔内表面之和），m²，$A_2 = N\pi d_{mean}W + (1-\varepsilon)LH$，$N$ 为气孔总个数；η_0 为实际散热面积与总接触面积的比值，见式（7.32）和式（7.33）：

$$\eta_0 = \frac{N\pi d_{mean}W \dfrac{th(mH)}{mH} + (1-\varepsilon)LH}{N\pi d_{mean}W + (1-\varepsilon)LH} \qquad (7.32)$$

$$m = \sqrt{\frac{h}{\lambda_\perp} \cdot \frac{N\pi d_{mean}W}{2(W+L)\cdot H} \cdot \frac{2(W+L)}{A_1}} \qquad (7.33)$$

式中，t 为时间。

（3）流体焓的变化 Q_3：传热过程中，低温流体将携带一部分热量沿翅片气孔方向流出，冷却流体温度升高，焓的变化 Q_3 为

$$Q_3 = c_p m(T_i - T_o) \qquad (7.34)$$

式中，T_i、T_o 分别为冷却流体进出口温度；m 为流体质量流量；c_p 为流体比热。

2. 热阻分析

根据以上对整个传热过程的分析，假设整个热量传递中无其他能量的损失，则根据能量守恒定律有 $Q_1 = Q_2 = Q_3$。与式（7.30）、式（7.31）结合，得到整个传热过程中的热阻 Φ：

$$\Phi = \frac{T_b - T_0}{Q} = \frac{\delta}{\lambda A_1} + \frac{1}{h\left[N\pi d_{mean}\dfrac{th(mH)}{mH} + (1-\varepsilon)LH\right]} + \frac{1}{2c_p m} \qquad (7.35)$$

3. 试验数据的处理

（1）当量直径：选用气孔平均孔径 d_{mean} 为当量直径。

（2）定性温度 T_f：取进出口流体温度的平均值。

（3）雷诺数 Re：雷诺数的计算依然依据式（7.12）（$Re = d_{mean}u/\upsilon$），各参数计算如上所述。

（4）泵功率 P_p：指用来维持流体循环所消耗的功率，$P_p = \Delta p \cdot U$，U 为流体的体积流量，m³/s；泵功率的大小直接反映热沉装置运行的经济性。

（5）加热件输入功率 P：按加热棒额定功率计算，试验中设置了两个并联的加热棒，则其输入功率为 2 倍的额定功率，P 为 21.54W。

（6）热沉实际功率 P_0：整个试验过程中，加热装置对外的辐射（忽略影响）和自然对流换热均会造成试验过程中热量的损失，热量除大部分提供流体焓的变化外，另一部分会被壳体侧壁、端盖树脂玻璃、流体进出口处导热和壳体底板自然对流换热损失掉，则实际输入热沉的功率为

$$P_0 = P - P_r \qquad\qquad (7.36)$$

（7）热损失 P_r：在试验条件下，热沉与有限空间的自然对流换热损失主要依靠纯导热，导热部分由内向外依次是 0.2mm 的导热硅脂[$\lambda = 6.8\mathrm{W/(m·K)}$]，1mm 的铜基板[$\lambda = 386\mathrm{W/(m·K)}$]，1mm 的有机玻璃[$\lambda = 0.75\mathrm{W/(m·K)}$]，5mm 的铝板[$\lambda = 158\mathrm{W/(m·K)}$]，外部 10mm 的保温层，计算得到整个传热过程中的最大散热损失量为

$$P_r = \frac{A_2(T_f - T_0)}{\displaystyle\sum_{i=1}^{5} \frac{\delta_i}{\lambda_i}} \qquad\qquad (7.37)$$

式中，A_2 同式（7.31）；δ_i、λ_i 分别为第 i 个导热源的厚度和热导率。根据以上数据计算得到 $P_r = 3.5\mathrm{W}$，最大散热损失在 19.86% 以内。

（8）加热件表面热通量 q：根据热通量定义式有

$$q = \frac{P_0}{2\pi r^2} \qquad\qquad (7.38)$$

式中，r 为试验所用的加热管半径。

（9）平均传热系数 h_b：通过试验测得各参数，并根据式（7.39）可计算出热沉平均传热系数：

$$h_b = \frac{Q}{A_1(T_b - T_f)} = \frac{m c_p (T_o - T_i)}{A_1 \left(T_b - \dfrac{T_o + T_i}{2} \right)} \qquad\qquad (7.39)$$

式中，A_1 为热源与翅片的接触面积；c_p、m、T_f 等参数与上文所述一致。

试验结果主要包括：加热件、铜基板、进出口流体温度变化、热阻、泵功率变化关系，以及传热系数与流量（或流速）、雷诺数变化关系。

（1）温度变化：试验过程中，进口处冷却流体温度保持在 15℃，进出口流体温度和加热件中心温度均通过 NR.1000 EYENCE 16 路数据采集仪采集，加热件的热通量根据式（7.38）计算可知，最大值可达 319.2kW/m²，图 7.12 给出了 2# 试样（气孔率 46.8%）在热通量为 319.2kW/m² 时，不同流量下，铜基板、出口温度随时间的变化曲线。可以看出，流量越大，冷却流体出口温度越小。

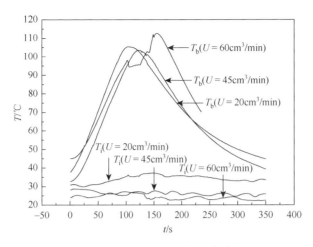

图 7.12 不同流量下各部件温度变化图

（2）传热系数：试验测得的数据根据式（7.39）计算得出不同气孔率下的翅片传热系数与流速（流量）的关系曲线如图 7.13 所示。可以看出，同一气孔率下，传热系数随冷却水流速的增大而增大；流速不变且气孔率相近时，翅片气孔平均孔的直径越小，测得的传热系数值越大；孔的直径大小相同，流速不变时，翅片气孔率大的试样对应的传热系数值较大。当气孔率为 46.8%，平均孔的直径大小为 0.416mm，冷却水流速为 0.037m/s 时，测得的传热系数达到最大值 32000W/(m²·K)，是传统翅片散热片传热系数的 4 倍。此外，由式 $A_2 = N\pi d_{mean}W + (1-\varepsilon)LH$ 和多孔铜翅片的几何结构，可计算出 1# 试样、2# 试样、3# 试样和 4# 试样参与传热的表面积（与流体的接触面积）分别为 6077mm²、8171mm²、4725mm² 和 5212mm²，四个试样的气孔率分别为 32.4%、46.8%、48.7%、55.6%。若仅从传热系数的角度考

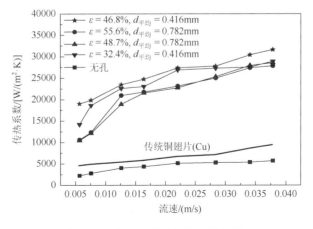

图 7.13 传热系数与流速变化曲线

虑传热特性的好坏，根据传热机理可知，传热表面积越大，则其传热特性越好，则传热特性大小顺序为 2#试样＞1#试样＞4#试样＞3#试样，该结果与图 7.13 中试验测得的曲线变化大小一致。

图7.14给出了不同气孔率下的翅片传热系数与泵功率的变化曲线,可以看出,传热系数随泵功率的增加不断变大,当泵功率较小时,传热系数增大的速度较大,随着泵功率的不断增大,传热系数的变化趋势趋于平缓,图中曲线的斜率逐渐变小。造成这种趋势的原因是:在试验过程中加热件的热通量保持不变,当泵功率增大时,冷却流体在热沉中的流速就越大,相比流体出口处的温度会降低,然而冷却流体的运动黏度相对于室温时要增大,但流速与运动黏度的比值 u/v 依然增大,即雷诺数逐渐变大,对流换热系数变大;又通过翅片结构模型的传热分析对整个试验传热过程的分析可知,传热系数包括导热、对流等,而对流换热系数是传热系数的主要部分,因此,泵功率增大时,传热系数也升高。曲线斜率逐渐变小是由于当传热系数达到一定值时,要升高传热系数就需要对外做更多的功,当热通量一定时,尽管泵功率在变大,但传热系数的增加值并没有变大,即对应曲线的斜率减小。

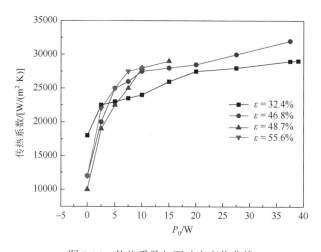

图 7.14　传热系数与泵功率变化曲线

传热系数与雷诺数的变化关系如图 7.15 所示,可以看出,随着雷诺数的增加,传热系数逐渐增大;对比 1#试样（气孔率 32.4%）和 2#试样（气孔率 46.8%）发现,雷诺数相同时,2#试样热沉的传热系数较 1#试样大,而由表 7.3 可知,2#试样和 1#试样的气孔孔径大小相同,气孔率相差较大;同样 3#（气孔率为 48.7%）和 4#试样（气孔率为 55.6%）也存在这样的规律。而对比 2#试样和 3#试样可知:同一雷诺数时,2#试样对应的热沉传热系数较 3#试样大得多,但 2#试样和 3#试样的气孔率却近似相同,2#试样的孔径较 3#试样小,因此,在同一雷诺数条件下,当

热沉试样的孔径相同时，气孔率较大的热沉试样对应较大的传热系数值；气孔率
相同时，试样孔径越小，其传热系数越大。

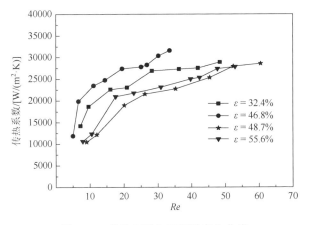

图 7.15　传热系数与雷诺数变化曲线

（3）努塞特数 *Nu*：图 7.16 给出了 2#试样和 3#试样热沉的传热系数与努塞特
数的变化曲线图。可以看出，传热系数值随努塞特数的增加而升高，且 2#试样热
沉对应的传热系数较 3#试样大。2#试样和 3#试样热沉雷诺数与努塞特数的变化关
系如图 7.17 所示，试样的努塞特数与雷诺数呈现出良好的线性关系，且 3#试样（气
孔率 48.7%）的努塞特数对雷诺数的依赖性较 2#试样（气孔率 46.8%）强。两曲
线之间出现交叉部分，则说明需要在特定的雷诺数条件下才能判断热沉试样传热
特性的好坏。当雷诺数<23 时，2#试样较 3#试样的传热性能较好，反之，当雷诺
数>23 时，3#试样的传热特性较好。

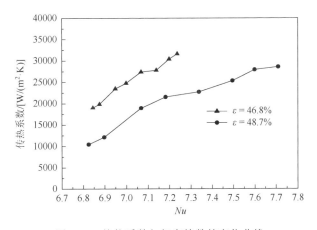

图 7.16　传热系数与努塞特数的变化曲线

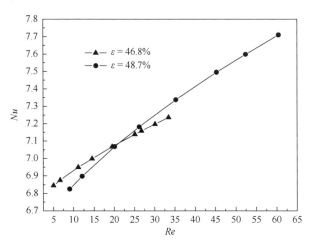

图 7.17　雷诺数与努塞特数的变化曲线

（4）传热热阻：传热过程中热阻的计算可通过式（7.34）和式（7.35）计算得到，通过对试验数据的处理，得到不同气孔率翅片热沉的泵功率与热阻的关系曲线，如图 7.18 所示。可以看出，热阻随泵功率的增加先急剧降低后趋于平稳。在泵功率较小时，热阻降低的速度很快，泵功率在 0.16～0.30W 变化时，热阻从最高的 0.17℃/W 降至 0.06℃/W；随着泵功率不断增大，热阻的变化趋势趋于平稳。原因是图 7.14 中传热系数随泵功率的增加而升高，使得传热热阻随泵功率的增加而降低。图中曲线出现平稳是由于：在式（7.35）中，传热热阻与传热系数和流体流量成反比，因此，当泵功率很大时，即使再增大泵功率，也不能抵消传热系数和流体流量对热阻的影响，因此，当泵功率达到一定值时，依靠增大泵功率已不能有效提高传热效果，需要探讨更加有效且经济的方法来提高热沉的传热能力。

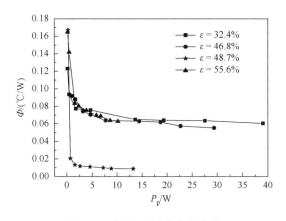

图 7.18　热阻-泵功率变化曲线

4. 试验测量传热系数与理论数据的对比分析

有关翅片结构传热特性的理论关联式，目前已有大量学者进行了研究，这里选用其中几个相关的关联式，用来探讨理论经验关联式是否与试验测得参数吻合，从而应用于多孔材料传热过程。具体相关传热经验关联式见表 7.4。

表 7.4　相关传热经验关联式

参考资料	流体	雷诺数	热沉	传热理论关联式
H. Nakajima	冷却水	$Re<3000$	多孔铜翅片	$Nu_p = 5.364\left\{1+\left[(220/\pi)X^+\right]^{-\frac{10}{9}}\right\}^{\frac{3}{10}} \times \left[1+\left(\dfrac{1}{[1+(Pr/0.0207)^{2/3}]^{0.5}}\right.\right.$ $\left.\left.\cdot\dfrac{\pi/115.2X^+}{\{1+[(220/\pi)X^+]^{\frac{10}{9}}\}^{0.6}}\right)^{3/10}\right]-1$ 其中，$X^+ = (L/dp)/(Re_p Pr)$
文献[9]	气体或液体	$Re<2300$	管内流动	$Nu_0 = 3.65 + \dfrac{0.19(RePrd_i/L)^{0.8}}{1+0.117(RePrd_i/L)^{0.467}}$
Hausen & Stephan	气体或液体	$Re<2300$	环形夹层	$Nu = \left[Nu_\infty + f\left(\dfrac{d_i}{d_a}\right)\dfrac{0.19(RePrd_h/L)^{0.8}}{1+0.117(RePrd_h/L)^{0.467}}\right]\left(\dfrac{P_r}{P_{rw}}\right)^{0.11}$
文献[10]	液体	$Re<2300$	管束流动	$Nu = \dfrac{1+(n-1)f_A}{n}Nu_0$，其中，$Nu_0$ 为管内流动的努塞特数，f_A 为圆管排列系数

书中将多孔铜翅片结构视为流体在多个圆管内的流动，在整个传热过程中，对流换热占主导地位，对流换热主要集中在流体与翅片气孔之间，由于试验条件的限制，流速的最大值为 0.037m/s，根据试验中有关雷诺数数据的处理可知，雷诺数 $Re<2320$，为层流。首先，流体在管束内的流动，努塞特数计算式为

$$Nu = \frac{h \cdot d_{\text{mean}}}{\lambda} = \frac{1+(n-1)f_A}{n}Nu_0 \qquad (7.40)$$

$$f_A = 1 + \frac{2}{3(S_d/d_{\text{mean}})} \qquad (7.41)$$

式中，n 为圆管排数，本试验为表 7.2 中的 N_x；f_A 为圆管的排列系数（气孔的排列系数）；S_d 为气孔的纵向距离。多孔铜翅片结构热沉努塞特数计算式为

$$Nu = \cfrac{1 + \left[\cfrac{2H}{d_{\text{mean}}}\left(\cfrac{2\varepsilon}{\sqrt{3}\pi}\right)^{0.5} - 1\right] \cdot \left[1 + 1.54 \times \left(\cfrac{2\varepsilon}{\sqrt{3}\pi}\right)^{0.5}\right]}{\cfrac{2H}{d_{\text{mean}}}\left(\cfrac{2\varepsilon}{\sqrt{3}\pi}\right)^{0.5}}$$

$$\cdot \left[3.65 + \cfrac{0.19 \times (ReP_r d_{\text{mean}}/W)^{0.8}}{1 + 0.117 \times (ReP_r d_{\text{mean}}/W)^{0.467}}\right] \cdot \left(\cfrac{P_r}{P_{rw}}\right)^{011} \qquad (7.42)$$

式中，修正项 $P_r = 0.699$；$P_{rw} = 0.686$；λ 为 T_f 温度下的导热率，结合式（7.42）和式（7.40）计算得到气孔传热系数 h，将其代入到式（7.43），最终可得到整个翅片结构热沉的传热系数 h_b，式中 m、A_1 的计算均同式（7.32）和式（7.33）。

$$h_b = \cfrac{h \cdot \left[N\pi d_{\text{mean}} W \cfrac{\text{th}(mH)}{mH} + (1-\varepsilon)LH\right]}{A_1} \qquad (7.43)$$

　　传热系数与流量的理论数据和试验数据的符合情况如图 7.19 所示,可以看出,$2^{\#}$试样（气孔率 46.8%）和 $3^{\#}$试样（气孔率 48.7%）热沉的传热系数理论值与试验值存在相同的变化趋势，但理论数据与试验数据存在一定的偏差。$2^{\#}$试样的理论值较试验值大，而 $3^{\#}$试样则较小些，分析其中的原因可能是：由试验测量的误差及试样本身参数造成的，试验过程中，一部分热量通过试验热沉外壳接触面的导热和加热件的自然对流换热损失了，而试验数据在处理时未减去热损耗的影响，因此，传热系数的试验值与理论数据存在一定的偏差。为了进一步明确热沉外壳的导热对试验测得传热系数的影响，设定了附加试验。附加试验没有多孔铜翅片存在，其他测定条件及参数均不变，测量不同流量时流体流经热沉外壳的传热特性。试验结果如图 7.20 所示，热沉外壳部分的传热系数最大可达 5100W/(m²·K)，

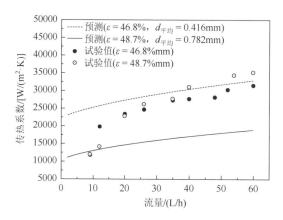

图 7.19　传热系数与流量的理论数据和试验数据的符合情况

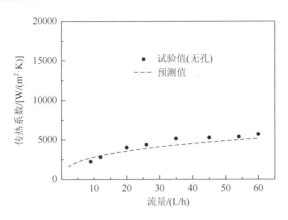

图 7.20 热沉外壳传热系数与流量的关系曲线

根据式（7.39）可计算出热沉外壳部分带走的热量。计算得出，当流量取最大值 60L/h 时，由热沉外壳带走的热量约是总热量的 15.9%，而试验数据的处理中计算的传热过程最大热损失为 19.86%，二者计算得到的数据存在偏差。这是由于通过附件试验计算得到的热量损失，未考虑热沉与外界自然对流换热产生的那部分热。

7.4.3 翅片数对流动特性和传热特性的影响

经上述试验测量和理论预测式的分析得到，在试样参数的范围内，试样气孔率为 46.8%，孔的直径大小为 0.416mm 时，对应翅片结构热沉的流动特性和传热特性达到最优。在此试样参数下，改变翅片结构的个数，重复上述中的阻力试验和传热试验过程，分析翅片个数对流体流经热沉流动特性和传热特性的影响。

图 7.21 和图 7.22 分别为气孔率为 46.8%，孔径大小为 0.416mm 时，不同翅片个数的热沉流速与传热系数、压差的关系曲线图。可以看出，在同一流速条件下，随着翅片个数的增加，热沉的传热系数和压差依次增大；翅片的存在增大了流体流经热沉的流动特性和传热特性。分析其原因为：在同一气孔率、孔径参数条件下，随着翅片个数的增加，参与流动和传热的表面积增大，根据换热原理可知，热通量不变时，参与传热的面积越大，传热效果越明显，因此随着翅片个数的增加，热沉的传热系数越高。此外，流体在翅片结构流动过程中，翅片个数的增加，使得整个热沉结构上气孔的个数增加，流体流动的阻力增大，从而压差也随之升高。

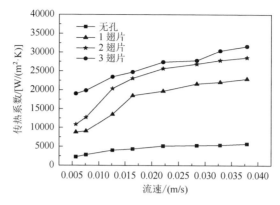

图 7.21 不同翅片个数的热沉流速与传热系数的关系曲线

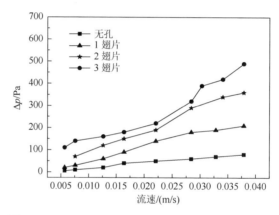

图 7.22 不同翅片个数的热沉流速与压降的关系曲线

7.4.4 试验误差分析

规则多孔铜翅片结构热沉系统是一个相对较复杂的系统，产生误差的环节较多。试验过程中误差产生的原因有：测量误差、环境误差、测量方法及人员误差四个方面，具体见表 7.5。

表 7.5 多孔铜翅片结构热沉的误差系统

误差种类	误差根源	说明
测量误差	LZB-6G 玻璃转子流量计	刻度显示体积，精度为±1.5%
	E 型热电偶	精度±0.25℃
	XMT608 系列智能控制仪（变速仪）	基本误差 0.2%FS
	BT1000-B-G-A10-M2-02 压力传感器	精度±0.5%FS
	电子天平	精度 0.01mg

误差种类	误差根源	说明
环境误差	环境温度的影响	外界温度的加热/降温影响
	环境空气的影响	空气的对流影响
测量方法	数据的处理方法	存在缺陷
	散热量的计算方法	忽略对外界的散热
人员误差	读数误差	流量计的读数

注：FS 表示失真度。

1）环境对试验的影响

主要是外界环境对加热件的加热或降温，但本试验中管路加热系统、实验台均采取了保温密封措施，因此相对于多孔铜翅片间的对流传热而言很小，环境误差可忽略。

2）测量精度对试验的影响

所有测量误差均按误差传递理论来估算，各测量值的基本误差见表 7.6。

表 7.6　测量参数基本误差表　　　　　　（单位：%）

参数	$\Delta c_p / c_p$	$\Delta v / v$	$\Delta p / p$	$\Delta \lambda / \lambda$	$\Delta H / H$	$\Delta L / L$	$\Delta W / W$	$\Delta m_0 / m_0$	$\Delta U_0 / U_0$
数值	0.5	0.5	0.5	0.5	0.17	0.05	0.5	8.81×10^{-5}	1.5

（1）气孔率测量的误差：试验所用的多孔铜试样的气孔率均采用比密度法测量得到，因此存在误差，气孔率存在的最大误差为

$$\frac{\Delta \varepsilon}{\varepsilon} = \sqrt{\left(\frac{\Delta m_0}{m_0}\right)^2 + \left(\frac{\Delta \rho_{Cu}}{\rho_{Cu}}\right)^2 + \left(\frac{\Delta H}{H}\right)^2 + \left(\frac{\Delta L}{L}\right)^2 + \left(\frac{\Delta W}{W}\right)^2} \times 100\% = 0.73\%$$

（7.44）

（2）加热件表面积的测量误差：试验中采用游标卡尺测量加热件的表面积，精度为 0.02mm，加热件表面积的最大可能误差计算式为

$$\frac{\Delta S_j}{S_j} = \sqrt{\left(\frac{\Delta r_j}{r_j}\right)^2 + \left(\frac{\Delta L_j}{L_j}\right)^2} \times 100\% = 0.74\%$$

（7.45）

（3）水力直径 d' 的测量误差：试验中使用游标卡尺测量多孔铜翅片的长、宽、高及翅间距，游标卡尺精度为 0.02mm；通过电子天平测量翅片的质量，精度为 0.01mg；Image J 统计翅片气孔平均直径和数量。则试验段水力直径可能存在的最大误差计算式为

$$\frac{\Delta d'}{d'} = \sqrt{\left(\frac{\Delta \varepsilon}{\varepsilon}\right)^2 + \left(\frac{\Delta W}{W}\right)^2 + \left(\frac{\Delta d_{mean}}{d_{mean}}\right)^2} \times 100\% = 0.53\%$$

（7.46）

（4）流量的测量误差：试验采用玻璃转子流量计测量冷却水的流量，精度为1.5%，即体积流量的误差为1.5%，而质量流量的最大误差为

$$\frac{\Delta U}{U} = \sqrt{\left(\frac{\Delta U_0}{U_0}\right)^2 + \left(\frac{\Delta \rho}{\rho}\right)^2} \times 100\% = 1.58\% \tag{7.47}$$

实际冷却流体流速可能存在的最大误差为

$$\frac{\Delta u}{u} = \sqrt{\left(\frac{\Delta U_0}{U_0}\right)^2 + \left(\frac{\Delta \rho}{\rho}\right)^2 + \left(\frac{\Delta m_0}{m_0}\right)^2 + \left(\frac{\Delta \rho_{Cu}}{\rho_{Cu}}\right)^2 + \left(\frac{\Delta H}{H}\right)^2 + \left(\frac{\Delta L}{L}\right)^2 + \left(\frac{\Delta W}{W}\right)^2} \times 100\% = 1.66\% \tag{7.48}$$

冷却流体流经热沉的雷诺数最大误差为

$$\frac{\Delta Re}{Re} = \sqrt{\left(\frac{\Delta \upsilon}{\upsilon}\right)^2 + \left(\frac{\Delta u}{u}\right)^2 + \left(\frac{\Delta d}{d'}\right)^2} \times 100\% = 1.81\% \tag{7.49}$$

（5）温度测量的误差值：试验中采用 E 型热电偶测量温度，其精度为 0.25℃，$1^{\#}$试样的最小传热温差为 4.6℃、$2^{\#}$试样为 4.9℃、$3^{\#}$试样为 3.6℃、$4^{\#}$试样为 4.3℃。温差测量可能存在的最大误差计算式为

$$\frac{\Delta T}{T} = \frac{0.25}{T} \times 100\% \tag{7.50}$$

计算得出 $1^{\#}$试样传热温差的最大可能误差值为 5.4%、$2^{\#}$试样为 5.1%、$3^{\#}$试样为 6.9%、$4^{\#}$试样为 5.8%。

（6）压差的测量误差：试验中采用压力传感器测量进出口冷却水的压力，压力传感器的精度为 0.5%FS，智能控制仪的精度为 0.2%FS，$1^{\#}$试样的最小压差为 20.002Pa、$2^{\#}$试样的最小压差为 110.11Pa、$3^{\#}$试样的最小压差为 30.003Pa、$4^{\#}$试样的最小压差为 27.006Pa，压差可能存在的最大误差为

$$\frac{\Delta p}{p} = \sqrt{(0.5\%)^2 + (0.2\%)^2} \times 100\% = 0.54\% \tag{7.51}$$

计算得到 $1^{\#}$试样压差的最大可能误差值为 0.11Pa、$2^{\#}$试样为 0.58Pa、$3^{\#}$试样为 0.16Pa、$4^{\#}$试样为 0.11Pa。

（7）摩擦阻力系数的测量误差：根据摩擦阻力系数的计算式（7.21）可得出，摩擦阻力系数存在的最大误差可能为

$$\frac{\Delta \lambda}{\lambda} = \sqrt{\left(\frac{\Delta \rho}{\rho}\right)^2 + \left(\frac{\Delta \varepsilon}{\varepsilon}\right)^2 + \left(\frac{\Delta u}{u}\right)^2 + \left(\frac{\Delta p}{p}\right)^2} \times 100\% = 2.41\% \tag{7.52}$$

（8）努塞特数的误差：根据努塞特数 Nu 的计算式（7.42），可计算出 Nu 存在的最大误差为

$$\frac{\Delta Nu}{Nu} = \sqrt{\left(\frac{\Delta \varepsilon}{\varepsilon}\right)^2 + \left(\frac{\Delta H}{H}\right)^2 + \left(\frac{\Delta d_{mean}}{d_{mean}}\right)^2 + \left(\frac{\Delta W}{W}\right)^2 + \left(\frac{\Delta Re}{Re}\right)^2} \times 100\% = 2.02\%$$

$$(7.53)$$

（9）传热系数的测量误差：根据传热系数的试验数据处理计算式（7.39）可知，与其有关的参数有流量 Q、翅片长 L、厚度 W、铜基板和冷却流体进口温度 T_f 和 T_o。则试验测得传热系数可能存在的最大误差为

$$\frac{\Delta h_b}{h_b} = \sqrt{\left(\frac{\Delta Q}{Q}\right)^2 + \left(\frac{\Delta L}{L}\right)^2 + \left(\frac{\Delta T}{T}\right)^2 + \left(\frac{\Delta W}{W}\right)^2} \times 100\% = 7.02\% \quad (7.54)$$

本章在规则多孔铜制备的基础上，采用自制的传热试验装置对规则多孔铜翅片结构热沉的流动特性和传热特性进行了研究，分别对流体流经不同气孔结构（气孔率和气孔直径）热沉流动和传热参数的试验与理论预测值进行了比较，探讨了气孔结构参数对规则多孔铜传热性能的影响规律。结果如下：

（1）在相同的气孔率下，较小的气孔尺寸会产生较大的压差；在小流量时，气孔率和孔径对流动的影响较小，随着流量的增加，其影响增大。

（2）摩擦阻力系数随雷诺数的增大先迅速减小后趋于平稳；在雷诺数为 30 前后时，摩擦阻力系数随雷诺数的变化关系出现转变。

（3）采用圆管内流动的方法对四个试验件的雷诺数与摩擦阻力系数进行比较时，发现同一雷诺数下，孔径一定时，气孔率较小的试样对应的摩擦阻力系数较大。当 20＜雷诺数＜60 时，理论分析与试验结果较吻合。

（4）定流速、定气孔率时，翅片气孔平均孔径越小，测得的传热系数值越大；孔径相同时，翅片气孔率大的试样对应的传热系数值较大。当气孔率为 46.8%，平均孔的直径大小为 0.416mm，冷却水流速为 0.037m/s 时，测得的传热系数达到最大值 32000W/(m²·K)，是传统翅片式热沉传热系数的 4 倍。流速不变时，随着翅片个数的增加，热沉的传热系数和压差依次增大。

（5）热沉的热阻随泵功率的增加先急剧降低后趋于平稳，当泵功率达到一定值时，依靠增大泵功率已不能有效提高传热的效果。

参 考 文 献

[1]　王从曾. 材料性能学[M]. 北京：北京工业大学出版社，2006.

[2]　Tane M，Ichitsubo T，Nakajima H，et al. Elastic properties of lotus-type porous iron：acoustic measurement and extended effective-mean-field theory[J]. Acta Materialia，2004，52：5195-5201.

[3]　Tane M，Nakajima H. Evaluation of elastic and thermoelastic properties of lotus-type porous metals via effective-mean-fied theory[J]. Scripta Materialia，2006，54：545-552.

[4]　关振铎，张中太，焦金生. 无机材料物理性能[M]. 北京：清华大学出版社，1992.

[5]　沈观林，胡更开. 复合材料力学[M]. 北京：清华大学出版社，2006.

[6]　李夫舍茨. 金属与合金的物理性能[M]. 北京：冶金工业出版社，1959.

[7]　董英虎，周贤良，华小珍. 孔隙率对 Mo/Cu 复合材料热物理性能的影响[J]. 材料热处理技术，2008，37（16）：1-6.

[8]　张青. 碳/碳化硅复合材料热膨胀行为研究[D]. 上海：上海交通大学，2006.

[9]　吴树森. 材料加工冶金传输原理[M]. 北京：机械工业出版社，2001.

[10]　景思睿，张鸣远. 流体力学[M]. 西安：西安交通大学出版社，2001.

[11]　Tuckenaan D B，Pease W E. High-performence heat sinking for VLSL[J]. IEEE Electron Device，1981，15：126-129.

第8章 规则多孔铜基复合材料

铜-铅合金是一种常用的固体自润滑材料,具有承载能力强、疲劳强度高等特点[1,2]。工业上传统的制备工艺有铸造法和粉末冶金法。在铸造法中,由于铜、铅密度差异较大,容易产生比重偏析现象。粉末冶金法制备的合金试样往往存在冲击韧性较差的缺点。鉴于上述制备工艺的特点,本书尝试通过规则多孔铜-铅材料中孔隙定向、均匀的结构特征来避免比重偏析现象,使得纯铅的自润滑功能能够得到充分、高效发挥。其具体设计思路为:以气体-金属共晶定向凝固技术制备的多孔纯铜为多孔预制体材料,纯铅作为自润滑材料,通过常压下液态金属浸渗法,使得纯铅填充进入多孔预制体孔隙内,经保温、凝固后制备一种新型自润滑复合材料。这种新型材料具有以下特点:第一,规则多孔预制体的气孔率、孔径大小和基体材料种类可以根据需要灵活选择。第二,多孔预制体中定向分布的孔隙具有各向异性,如在孔隙伸长方向具有好的渗透性能和高的强度。第三,新型材料既能保留规则多孔铜的部分特性,又能充分发挥铅优异的自润滑性能,使得铜和铅优势互补、相得益彰。第四,利用常压下液态金属浸渗法制备的新型自润滑材料不存在比重偏析的问题,具有工艺简单、效率高、成本低等特点。

8.1 复合材料的制备方法

8.1.1 自润滑材料制备工艺

图 8.1 为本书所述新型自润滑材料的制备工艺路线图,其具体制备工艺如下。

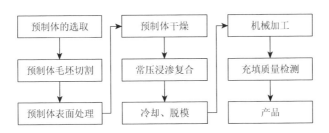

图 8.1 新型自润滑材料的制备工艺流程

（1）选择基于 Gasar 技术制备的纯度为 99.99wt%，气孔率为 40%～60%，横截面孔的总截面比（或截面气孔率）为 25%～40%，孔隙平均直径为 0.1～1.5mm 的规则多孔纯铜作为预制体坯料。采用切割机将规则多孔材料坯料切成 *Φ*44mm×5mm 预制体试样。

（2）对预制体试样进行表面处理，其目的在于：首先，清除预制体表面的油污，防止在浸渗过程中杂质分解产生大量分解气体阻碍浸渗充填及产生气孔等缺陷；然后，清除孔隙内表面氧化皮，增强多孔基体与自润滑相之间的元素扩散，从而增强界面的冶金结合强度；此外，可以在预制体表面产生腐蚀坑，即提高其表面粗糙度，从而进一步提高新型材料复合后的界面的机械结合强度。表面处理具体步骤包括碱性除油和酸洗除氧化皮两个步骤。先采用浓度为 5wt%～10wt%的热氢氧化钠溶液清洗 15～30min，温度为 60℃，清洗在超声波槽内进行，清洗频率为 50～100kHz，清洗时间为 5～15min。再采用 5wt%～10wt%的盐酸清洗 5～15min，以去除基体表面的氧化层，清洗在超声波槽内进行，清洗频率为 50～100kHz，清洗时间为 5～15min。

（3）将经过表面处理的预制体放入干燥箱内进行干燥，干燥温度为 80～100℃，时间为 1～2h。然后将预制体通过如图 8.2 所示的装置进行浸渗。该试验装置主要由上模和钢制器皿组成，由于铅液的密度远大于多孔铜，因此需要借助上模使多孔预制体始终浸没在液态纯铅中。此外，上模的内腔用于保证新型自润滑材料的外形和后续计算需要。被渗金属为 99.99%的电解纯铅。预制体孔径、浸渗温度、浸渗时间等参数如表 8.1 所示。浸渗完毕后自然冷却或者出炉后先自然冷却至 327℃，再采用水冷至常温。

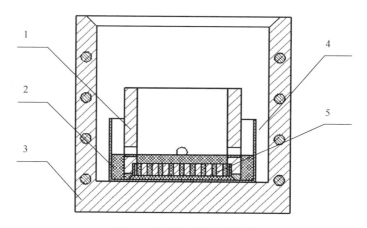

图 8.2　常压浸渗装置示意图

1. 上模；2. 液态金属；3. 电阻炉；4. 钢制器皿；5. 规则多孔纯铜基体

表 8.1　浸渗试验参数

序号	$T/^{\circ}\mathrm{C}$	t/s	d/mm
1	550±10	30	1.44
2	550±10	60	1.37
3	650±10	60	0.10
4	450±10	60	0.12
5	550±10	60	0.11
6	550±10	60	0.64
7	550±10	90	1.53
8	550±10	60	1.45

注：T 表示浸渗温度；t 表示浸渗时间；d 表示多孔预制体平均孔径。

（4）打开模具，将复合材料试样坯料取出。通过机械车削取出加工余量并通过抛光可得到如图 8.3 所示的新型材料。

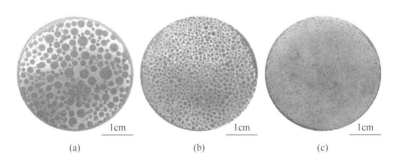

图 8.3　浸渗法制备的不同孔径的试样

8.1.2　自润滑材料界面

采用线切割机对图 8.3 中的大孔径试样进行切样，得到图 8.4 所示试样。从图 8.4 中可以看到，预制体充填质量良好，且没有发生自润滑相材料脱落的现象，说明新型材料的界面结合比较可靠。采用 SEM 对新型材料试样的界面进行观察，所得图片如图 8.5 所示。从图 8.5 中可以得知，在新型自润滑材料试样的横截面上没有出现残余孔隙。由此可见，自润滑材料对多孔预制体浸渗填充质量良好。从铜-铅二元相图分析可知，铜和铅在高温液相时属于难混溶体系，双方溶解度极小，没有中间相生成。再结合图 8.5（a）中新型自润滑材料试样纵截面的 SEM 图分析可知，在复合材料界面处没有明显的反应过渡层，由此可见复合界面处不存在明显的界面反应。无明显的界面反应不仅有利于浸渗填充，而且没有脆性共晶反应产物生成，避免了因硬度不均产生的应力集中，从而有效防止了自润滑相产生过早剥落的现象。

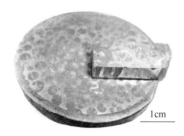

图 8.4　新型自润滑材料试样横截面、纵截面形貌

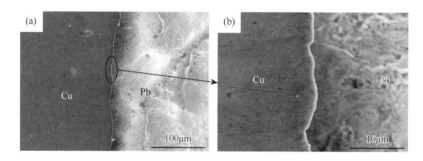

图 8.5　新型自润滑材料试样纵截面界面 SEM 图片

为了充分研究新型自润滑材料的干摩擦磨损性能，试验共制备和测试了 1 号、2 号、3 号、4 号和纯铜五组试样。1 号、2 号、3 号、4 号试样为采用液态金属浸渗法制备的新型自润滑材料试样。1 号、2 号、3 号、4 号试样为试样组，采用高分辨率成像设备及 Image J 软件进行统计测量，测量结果取 10 次测量值求平均值，相关参数如表 8.2 所示。测试试样的图片如图 8.6 所示。

表 8.2　摩擦磨损试样参数表

试样编号	制备方式	ε_{sur}/%	d_{ave}/mm
1	液态金属浸渗法	27～32	1.49
2	液态金属浸渗法	40～45	0.72
3	液态金属浸渗法	27～32	0.02
4	液态金属浸渗法	15～20	0.12

注：ε_{sur} 表示自润滑相截面面积百分数或基体截面气孔率；d_{ave} 表示自润滑相平均尺寸或基体孔径平均尺寸。

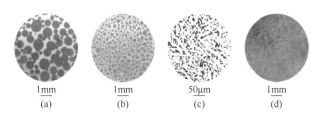

1mm　　　1mm　　　50μm　　　1mm
(a)　　　　(b)　　　　(c)　　　　(d)

图 8.6　测试试样图片

（a）新型自润滑试样 1 显微组织图；（b）新型自润滑试样 2 显微组织图；（c）铸造铜-铅合金试样 3 显微组织图；
（d）新型自润滑试样 4 显微组织图

　　干摩擦磨损试验在 MMU-5G 屏显式材料端面高温摩擦磨损试验机上进行。环境温度 25℃，相对湿度 20%～30%，试验机通过计算机终端控制试验参数并记录试验结果。摩擦副对摩形式为环盘式，上试样以环状摩擦对偶件作为运动件，下

试样以盘状测试试样作为静止件，如图 8.7 所示。摩擦对偶件材料选用 45 钢，其热处理工艺为淬火（850℃）+ 低温回火（200℃），硬度值 48～52HRC。摩擦对偶件外环直径 26mm，内环直径 20mm，高 12mm，如图 8.8（a）所示。采用 800 目碳化硅水砂纸对摩擦对偶件进行抛光，其表面粗糙度 Ra 为 6～12μm。测试试样加工成 Φ44mm×5mm 盘状试样，如图 8.8（b）所示。为了消除试样机械加工平行度的影响，试验前试样进行磨合，首次磨合时间为 2h。摩擦磨损试验主要采用单因

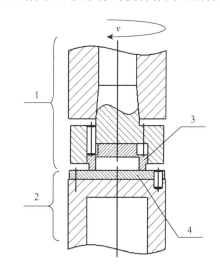

图 8.7　干摩擦磨损测试摩擦副配合形式示意图

1. 运动件；2. 静止件；3. 环状摩擦对偶；4. 盘状测试试样

素试验法，首先考察自润滑铸造铜-铅合金试样 1、试样 2、试样 3、试样 4 和纯铜在相同滑动速率条件下载荷对试样摩擦系数和磨损量的影响。其次考察了试样 1、试样 3 在恒定载荷时，速率对摩擦系数和磨损率的影响。具体试验参数：滑动速率为 0.2m/s（即 166r/min），滑动距离为 1000m，法向载荷依次为 20N、50N、100N、150N、200N、300N；载荷为 100N，速率分别为 0.1m/s、0.2m/s、0.5m/s、0.8m/s。摩擦系数取计算机自动采集摩擦数据的平均值。试样磨损前后用无水乙醇在超声波槽内清洗 30min，干燥后采用感应量为 0.1mg 电子天平称量试样磨损前后的质量损失。为了保证磨损形貌的真实性，在试样清洗测重之前采用 S-3400N 型扫描

电镜观察试样表面的磨损形貌，并采用 EDAX 公司生产的 EDS 能谱仪分析试样磨损面微区及斑点的化学成分。最后通过 D/MAX-3B 型 X 射线衍射仪对摩擦碎屑进行物相分析。采用 CEMDT-883H 红外测温仪（−50～850℃）测试瞬时温度。

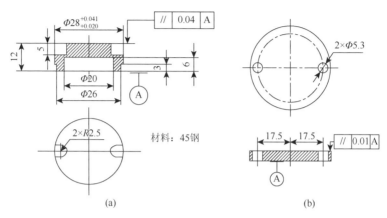

图 8.8　摩擦副（a）与盘状试样（b）零件图

图中标注上数字单位为 mm

　　干摩擦磨损试验结果中，摩擦系数用于表征材料的摩擦性能，磨损率用来表征材料的磨损性能。磨损机理主要通过分析不同状态下的材料磨损形貌来确定。

8.2　摩擦磨损性能

8.2.1　摩擦性能

　　图 8.9 为试样在滑动速率为 0.2m/s 时，载荷与摩擦系数之间的关系图。从图中可以看出，试样 1、试样 2、试样 3 的摩擦系数均随着法向载荷的逐级增大而减小。这主要是因为载荷的增大加剧了试样基体塑性变形的程度，自润滑材料被挤出并转移到摩擦界面处的趋势增强，使得润滑减摩作用增强。新型自润滑材料试样 1 在各个载荷点上的摩擦系数小于试样 2，这主要与试样表面自润滑相的面积百分比 ε_{sur} 有关。ε_{sur} 是自润滑材料最重要的指标之一。合理地选择 ε_{sur} 值既能保证整体的强度，又能保证材料自润滑性能的可靠性。当载荷小于 100N 时，新型自润滑材料试样 1 的摩擦系数明显小于相同铅含量的铸造铜-铅合金试样 3。结合图 8.10（a）进行分析，这主要是因为新型材料中自润滑材料填充在圆柱状孔隙内，自润滑相在摩擦切削作用和工作热的作用下不断地从孔隙内部向摩擦界面转移并铺展开来，使得自润滑膜的形成更加充分。可见，新型自润滑材料在低载荷下的摩擦性能优于相同铅含量的铸造铜-铅合金。

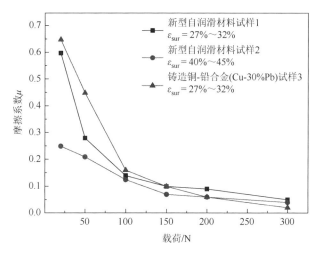

图 8.9　测试试样载荷与摩擦系数的关系

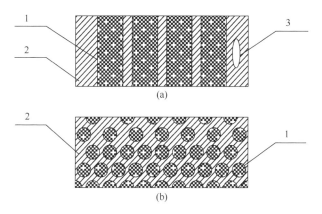

图 8.10　新型自润滑材料试样 1（a）及铸造铜-铅合金试样 3（b）纵截面示意图

1. 自润滑相；2. 基体；3. 闭孔

　　图 8.11 为试样在滑动速率为 0.2m/s 时载荷与磨损率之间的关系图。从图中可以看出试样 1、试样 2、试样 3 的磨损率均随着载荷的增加而增大。这主要是由于法向载荷的增加，摩擦副双方表面的微凸体相互嵌入的深度不断增大，使得双方之间的微凸体切削作用加剧，从而导致磨损率相应增大。从图 8.11 中还可以看出，当自润滑相的面积百分比 ε_{sur} 相同时，新型材料试样 1 的磨损率远小于铸造铜-铅合金试样 3。这可以从以下几个方面进行分析：①从材料结构分析，铜、铅之间溶解度较小，且不生成中间相[2]。此外，纯铅的剪切强度又远小于纯铜。铜-铅合金凝固后铅被包裹在铜基体中，受载产生的位错很容易切断纯铅微粒，使得铜-铅合金基体的整体强度和塑性相对于纯铜受到削弱，从而导致铜-铅合金抵抗磨损

的能力相对减弱。②从材料承载机理分析，如图 8.10（a）所示，新型自润滑复合材料试样 1 由规则多孔纯铜基体承担绝大部分工作载荷及摩擦阻力，孔隙内的自润滑相铅仅仅起到自润滑的功能，磨损主要来自多孔纯铜基体。如图 8.10（b）所示，铸造铜-铅合金试样 3 中，铅被均匀包裹在铜基体中，它既承担工作载荷和摩擦阻力，又承担充当自润滑相的功能，磨损来自整个铜-铅合金。③从残余孔隙分析，新型自润滑材料试样 1 自身存在不可填充的闭孔，如图 8.10 中 3 所示。此外，基体在自润滑材料转移及消耗后将残余大量孔隙。再结合表 8.2 中试样自润滑相的平均尺寸 d_{ave} 值进行分析，新型自润滑材料磨损后残余孔隙的尺寸远大于铸造铜-铅合金，因此能够容纳更多的摩擦碎屑和自润滑相材料。从图 8.11 中还可以发现新型自润滑材料试样 1 的磨损率小于试样 2。这主要是由于试样 2 的自润滑相面积百分数 ε_{sur} 值大于试样 1，即试样 2 参与承担法向载荷的实际面积小于试样 1。当法向载荷相同时，试样 2 基体承受的剪切应力大于试样 1，其磨损更为严重，因此磨损率也相应较大。

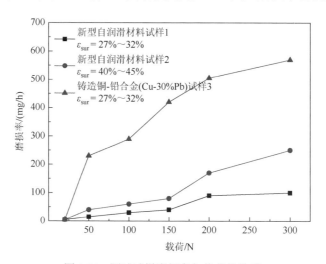

图 8.11　测试试样磨损率与载荷的关系

图 8.12 是新型自润滑材料试样 1 和铸造铜-铅合金（Cu-30% Pb）试样 3 在载荷恒定（100N）时，滑动线速度与摩擦系数之间的关系图。从图中可以看出，新型自润滑材料和铸造铜-铅合金的摩擦系数都随着滑动速率的增大而减小。其中新型自润滑材料几乎呈线性下降，下降的趋势比较一致。而铸造铜-铅合金摩擦系数随着滑动速率的下降趋势逐渐增大。通常认为，摩擦系数随着滑动速率增大而减小的现象主要和摩擦接触面的温度有关。温度的上升可能会改变摩擦界面的表面状况，如自润滑膜的均匀程度、氧化情况等。当摩擦速率较低时，摩擦过程中的摩擦热通过空气辐射和对流散失的时间较长，此过程中累积的热量相对就少，自润滑材料受热膨胀和因为低的剪切而铺展的量就少，自润滑性效果相对没有充分

发挥。当滑动速率逐渐增加，并超越所谓的临界速率时，摩擦界面升温加剧，使得自润滑材料发生软化或者在摩擦瞬时高温的作用下发生熔化等，这些均可使自润滑材料的自润滑效果增强。此外可以用微凸体理论加以分析，摩擦微凸体的接触时间随着速率的增加而减少，微凸体接触时间少，摩擦对偶间作用时间减少，对应的摩擦力也就减小，且载荷一定，相应的摩擦系数也就减小。

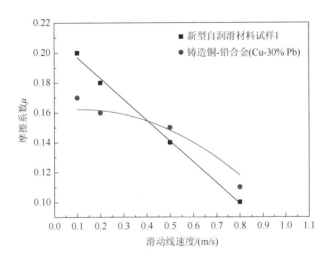

图 8.12　新型自润滑材料试样 1 和铸造铜-铅合金试样 3 摩擦系数与速度的关系

图 8.13 为新型自润滑复合材料试样 1 和铸造铜-铅合金在载荷恒定为 100N 时，不同滑动速率下的质量磨损率。从图中可以看出，新型自润滑材料的磨损率随着

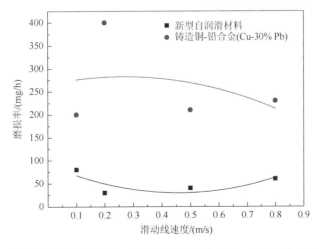

图 8.13　新型自润滑材料试样 1 和铸造铜-铅合金试样 3 磨损率与速度的关系

滑动速率的增加而增加，且增加的趋势比较平缓，在 0.1~0.5m/s 之间存在一个极小值。而铸造铜-铅合金在 0.1~0.5m/s 之间似乎存在一个极大值。当滑动速率大于或小于这一极大值时，磨损率随着速度的增加而减小。这主要是由于滑动速率增加，摩擦界面急剧升温，磨损加剧。由此可见，本书中试验选择滑动速率为 0.2m/s 是比较合理的。

图 8.14 为红外温度记录仪记录的干摩擦过程中摩擦接触面附近的瞬时温度。试验条件：法向载荷为 100N，滑动速率为 0.2m/s，滑动距离为 1000m。从图中可以看出，三种材料试样的摩擦接触面附近的温度均随着时间（或者滑动距离）的增大而升高。其中新型自润滑复合材料试样 1、铸造铜-铅合金（Cu-30% Pb）温度上升比较平稳。新型自润滑复合材料试样 2 温度上升的趋势比较明显。从能量转换来分析，电机所做的功通过摩擦副传递给测试材料，其中大部分转化为摩擦热，摩擦热以热辐射（固体-空气）和热传导（固体-固体）的形式将热传导出去。红外温度仪测试的温度即为热传导的温度（固体-固体）。铸造铜-铅合金试样与底座充分接触，底部传热系数大于新型自润滑复合材料试样 1、试样 2。另外，新型自润滑材料中自润滑材料铅的体积含量远大于铸造铜-铅合金中铅的含量，铅的导热系数较差，因此摩擦产生的热量被更多地蓄积在试样内。同时，通过浸渗法制备的新型自润滑材料中总会存在未能充填的孔隙，这些被封闭的孔隙的导热性能较差，从而整体上降低了材料的热传导率。

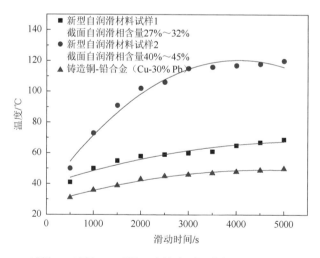

图 8.14　试样 1、试样 2、试样 3 摩擦表面温度与滑动时间之间的关系

图 8.15 是新型自润滑复合材料试样 1 在不同滑动速率时滑动距离与摩擦界面瞬时温度之间的关系图，试验载荷恒定为 100N。从图中可以看出，摩擦界面处瞬

时温度随着滑动距离的增加而增加。滑动速率越大，温度增加的速率越快。滑动速率较低时，温度增加速率较小。上述观察现象主要从以下方面予以解释：首先，滑动速率越大，滑动单位距离所需的时间越短，摩擦热散失和传递的时间越短，累积的热量越多，因此温度越高。其次，滑动速率越快，摩擦副表面的微凸体单位时间内剪切自润滑相材料的次数越少，使得自润滑相材料越容易铺展开来，又由于铅的导热性较差，因此在摩擦界面处累积的热量越多，温度越高。

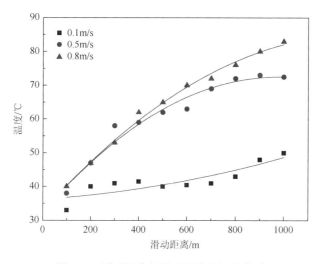

图 8.15　瞬时温度与滑动距离之间的关系

图 8.16 是新型自润滑复合材料试样 1 在恒定速率（0.2m/s）时，不同载荷下滑动距离与表面瞬时温度的关系。从图中可以看出，100N、200N、300N 不同载荷下，表面瞬时温度均随着滑动距离的增大而增大，温度的升高趋势先逐渐增大，后慢慢减小。每个载荷似乎对应一个极大值温度。随着载荷的增大，温度的增加趋势变大，这主要和功、能的转换有关。一方面，载荷越大，使得摩擦力相对增大；另一方面，摩擦力做功与滑动距离成正比。摩擦力做的功大部分转化成热量，热量再以辐射和热传导的形式发生传递。结合图 8.15 和图 8.16 可以发现，速率的变化对摩擦界面处的温度影响趋势更为明显，温度主要影响材料的磨损性能。由此可以得出，新型自润滑复合材料的摩擦磨损性能对速率比较敏感。

图 8.17 为纯铜与自润滑复合材料试样 4 的载荷和摩擦系数的关系图。从图中可以看出，二者的摩擦系数均随着载荷的增大而减小。对于纯铜，这主要是由于摩擦过程中产生的硬质摩擦碎屑容易在摩擦作用力下嵌入纯铜基体，即所谓的黏着作用。这种硬质颗粒使摩擦接触面积减小，起到减摩作用。随着载荷的逐渐增大，嵌入的硬质颗粒变多，减摩作用更明显。对于自润滑复合材料试样 4，随着

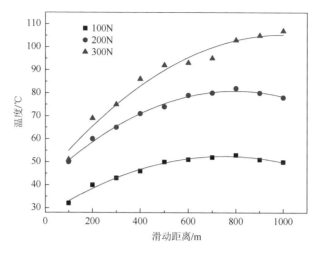

图 8.16　不同载荷下温度与滑动距离之间的关系

载荷的增大，多孔基体塑性变形程度增大，自润滑相从基体中挤出并形成润滑膜起到减摩作用。在各个载荷点，自润滑材料试样的摩擦系数均小于纯铜。这主要是由于新型自润滑材料整体的导热性不及纯铜，累积的摩擦热使新型自润滑材料中的自润滑相软化铺展开来并形成自润滑薄膜，起到良好的润滑减摩效果。此外，纯铜试样在干摩擦磨损试验过程中对摩擦副的损伤相当剧烈，伴随有刺耳的噪声，而新型自润滑材料平稳，且几乎听不到噪声。这充分说明了新型自润滑材料的摩擦性能优于致密纯铜，本书所述的新型材料的自润滑结构设计是可行的。

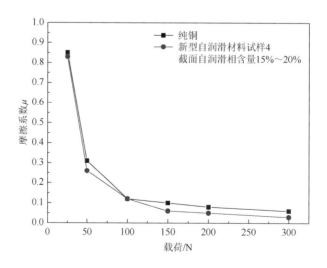

图 8.17　纯铜与新型自润滑材料试样 4 摩擦系数和载荷之间的关系

图 8.18 为纯铜和新型自润滑材料的磨损率与载荷之间的关系。从图中可以看出，两种材料的磨损率均随着载荷的增大而增大，纯铜的磨损率随载荷增大而增大的趋势大于新型自润滑材料。当载荷大于 50N 时，新型自润滑材料的磨损率小于纯铜。这可以用图 8.19 来解释。在滑动摩擦过程中，自润滑相沿滑动方向从多孔基体孔隙内转移至摩擦接触面，留下如图 8.19 所示的空隙，诸多这样的空隙如同刷子不停地将上一次滑过此处产生的摩擦碎屑刮削并堆积在空隙内；另外，软质自润滑相纯铅可以吸附或者嵌藏部分摩擦碎屑，尤其是硬质摩擦碎屑，如三氧化二铁。同时，滑动摩擦过程中，厚度较小的孔壁将发生大的塑性变形，使得残余空隙进一步增大，能够储藏更多的摩擦碎屑。而纯铜抗咬合能力差，易发生黏着，形成磨料磨损，这种磨料磨损随着滑动距离及载荷的增大而加剧。

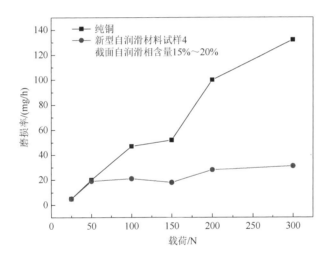

图 8.18　纯铜与新型自润滑材料试样 4 的磨损率和载荷的关系

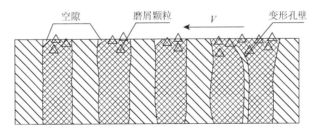

图 8.19　新型自润滑材料纵截面示意图

8.2.2　摩擦的稳定性

　　图 8.20 为 MMU-5G 摩擦磨损试验机用自带计算机记录的摩擦系数与滑动时间的关系。可见摩擦系数呈现随机波动的特性,此图不便于直接用来分析。因此,对计算机记录的数据进行进一步的统计分析可得到如图 8.21 所示的分布图。从图 8.21 中可以看出,各组摩擦系数整体呈现正态分布的特征。微切削理论认为摩擦副表面由无数个微凸体组成,摩擦力的产生与这些微凸体相互嵌入、切削有关,瞬时摩擦系数直接受到这些微凸体的影响。而这些微凸体并不是同时发生作用的,它们按照强度顺序进行,即较弱的微凸体先被破坏,其次才是较强的微凸体。大量试验证实,受这些微凸体的影响而产生的摩擦系数大小随机分布特征呈正态分布[3]。一般通过标准偏差指标来评价这种正态分布的差异性,即通过分析一组数据中的若干瞬时数据与其算数平均值的差异性来了解所有瞬时数据之间的差异或者离散程度。标准偏差小,说明瞬时数据之间的差异性小,摩擦较为稳定,反之,则不稳定。摩擦的稳定性直接影响摩擦部件运动的平稳性。在一些载流场合(如机车电弓滑板),摩擦稳定性差,使得摩擦界面之间的距离也随之不平稳,可能会发生瞬时高压放电,使得摩擦副受热熔化,从而造成摩擦失效。此外,在摩擦平稳性要求高的场合,如高精度数控镗床,其主轴轴瓦的摩擦稳定性直接影响镗床的加工精度。

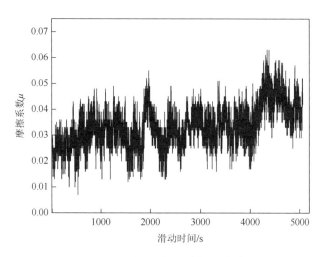

图 8.20　摩擦系数与时间的关系

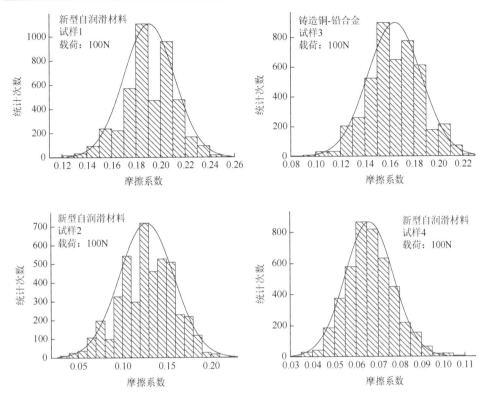

图 8.21　摩擦系数统计直方图

　　从图 8.22 中可以看出，新型自润滑材料试样 1、试样 2 和铸造铜-铅合金摩擦系数的标准偏差均随着载荷的增大而减小。这主要是由于随着载荷的增大，基体的塑性变形程度增大，大量自润滑相材料被挤出到摩擦界面，一方面形成自润滑薄膜，使得摩擦双方表面微凸体之间嵌合数量减少；另一方面，质地软及低临界剪切应力的自润滑材料很容易在载荷的作用下填充到微凸体间的孔隙内部，使得微凸体之间的交错深度减小。从图 8.22 中还可以看到，铸造铜-铅合金的变化趋势比新型自润滑材料要小。这也就是说，铸造铜-铅合金滑动摩擦相对平稳，这主要与材料的结构特征有关。铸造铜-铅合金为致密的实体材料，在变形过程中由粗大的铜枝晶和分布在晶界处的自润滑铅相共同承担载荷。而新型自润滑材料主要由多孔基体承担载荷。多孔基体孔隙间的孔壁厚度并不是均匀的，较薄的孔壁由于承载面积小，在法向工作载荷及切向摩擦力的作用下率先发生塑性变形，塑性变形的程度随着载荷的增大而增大。目前，规则多孔材料的空间壁厚主要依靠等效六边形法大致估算其平均厚度，目前尚未有明确的方法表征孔壁的均匀程度。

　　图 8.23 为恒定载荷条件下，新型自润滑材料与铸造铜-铅合金的滑动速率和摩擦系数标准偏差的关系曲线。从图 8.23 中可以看出，两种材料摩擦系数标准偏差

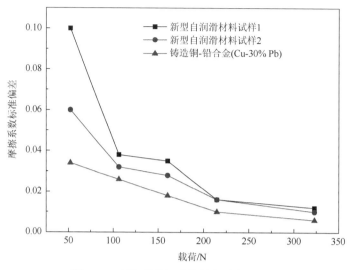

图 8.22　摩擦系数标准偏差与载荷的关系

随速率的变化呈现波动性和区域性。当滑动速率小于 0.2m/s 时，新型自润滑材料摩擦系数标准偏差随着速率的增大而增大，铸造铜-铅合金则刚好相反。在 0.1～0.8m/s 范围内，新型自润滑材料存在极大值和极小值。而铸造铜-铅合金在 0.2～0.5m/s 中存在一个极小值。可见这两种材料，摩擦系数标准偏差随速率的变化规律不是很明确。再结合图 8.22 可知，新型自润滑材料和铸造铜-铅合金的摩擦稳定性对载荷的依赖性大于对速率的依赖性。

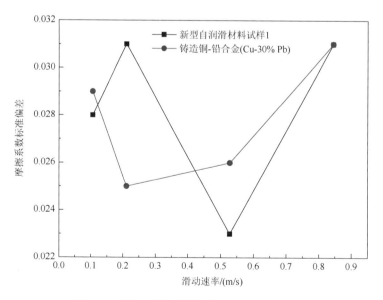

图 8.23　摩擦系数标准偏差与滑动速率的关系

8.2.3　磨损机理分析

从图 8.24（a）和（b）可以观察到，当载荷为 100N 时，新型自润滑材料试样 1 磨损表面分布着一层由粉末颗粒组成的"机械混合层"[4]。由于组成机械混合层的粉末颗粒并不致密，机械混合层本身不能承担法向载荷。因此，摩擦对偶件表面的微凸峰能够穿过颗粒间的空隙继续切削试样基体，使微凸峰同时受到基体产生的摩擦阻力和粉末颗粒造成的切向摩擦力。这也就解释了新型自润滑材料试样 1 在载荷较小时摩擦系数相对较大的现象。从表 8.3 中 A、B 两个 EDS 能谱微区化学成分可以得出机械混合层主要由块状的金属氧化物组成。由此可见在磨损过程中存在一定的氧化磨损。氧化物中，PbO 是常用的自润滑金属氧化物，

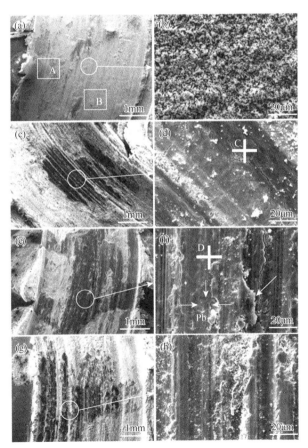

图 8.24　载荷依次为 100N［（a）、（b）］、150N［（c）、（d）］、200N［（e）、（f）］、300N［（g）、（h）］时试样 1 的 SEM 磨损形貌

滑动速率为 0.2m/s

对材料自润滑性能有利。Fe_2O_3 的硬度相对较大，起磨料作用，是产生三体摩擦磨损及犁沟效应的主要来源，也是摩擦阻力的重要组成部分[1]。从图 8.25（a）中也可以观察到，当载荷为 100N 时，摩擦对偶件磨损表面出现大量犁沟，犁沟是磨粒磨损的典型特征[5]。由此可知，载荷为 100N 时，新型自润滑材料试样 1 的磨损机理以磨粒磨损为主，伴随一定的氧化磨损。从表 8.3 中 A、B 微区化学成分可知，基体与自润滑相表面 Pb、Fe 元素的百分含量接近。由此可见，载荷为 100N 时，新型自润滑材料的磨损比较均匀，此时并不存在自润滑相的大量转移。

表 8.3　图 8.24 中 A、B、C、D 能谱标记微区及斑点的化学成分

元素	含量	A	B	C	D
O	wt/%	30.58	25.99	9.93	1.51
	at/%	66.29	58.72	35.71	15.51
Fe	wt/%	47.70	58.28	42.87	0.63
	at/%	29.62	37.73	44.16	1.87
Cu	wt/%	1.19	2.04	11.19	2.68
	at/%	20.53	1.16	10.13	6.96
Pb	wt/%	20.53	13.69	36.01	95.17
	at/%	3.44	2.39	10.00	75.66

图 8.25　滑动速率为 0.2m/s 时载荷依次为 100N（a）、150N（b）、200N（c）、300N（d）时试样 1 对应的摩擦对偶件的 SEM 磨损形貌

从图 8.24（d）中可以看出，当载荷增大至 150N 时，"机械混合层"开始破裂，自润滑相的表面出现明显的犁沟。犁沟表面黏着一层由块状粉末组成的薄层。薄层在长时间摩擦应力的作用下出现裂纹。结合 8.25（b）发现，摩擦对偶件表面存在大量犁沟，局部区域黏附着大量摩擦碎屑。这主要是因为自润滑相材料纯铅质软，剪切应力低，能够黏附摩擦碎屑。表 8.3 中 C 点的化学成分表明此处铅元素的质量分数相对于 100N 时有明显增加的趋势。由此可见，随着载荷的增大，试样基体孔隙内的自润滑相在摩擦剪切应力和工作热的作用下逐渐从摩擦界面亚面层转移到表层，并局部转移至摩擦对偶件表面。

从图 8.24（e）和（f）及表 8.3 中 D 点的 EDS 化学成分分析可知，当载荷为 200N 时，试样磨损表面覆盖着一层完整的纯铅润滑膜。在润滑膜的表面存在大量舌状叠层，可见此时存在较大的塑性变形。结合图 8.25（c）分析，对应摩擦对偶件表面覆盖着一层稠密的鳞片状自润滑相材料。可见此时自润滑相 Pb 已经从孔隙内大量转移并黏附到摩擦对偶件表面，在摩擦界面处形成了完整的自润滑薄膜，从而保证了新型材料的自润滑性能。由此可以判断，当载荷为 200N 时，新型自润滑材料的磨损机制为塑性变形和自润滑材料的黏附作用。从图 8.24（g）和图 8.25（d）可以看出，当载荷为 300N 时，磨损形貌并无太大变化，只是在试样自润滑薄膜表面和摩擦对偶件表面鳞片状铅块表面黏附了一定量的摩擦碎屑。

图 8.26 为摩擦碎屑的形貌。碎屑呈分散的块状，可以明显地看到犁沟的痕迹。图 8.27 为碎屑的 XRD 图谱，可以看到这些碎屑主要由 PbO、Fe_2O_3 等金属氧化物组成。

图 8.26　试样 1 摩擦碎屑的 SEM 图片

载荷为 100N

图 8.28 为新型自润滑材料试样 1 和铸造铜-铅合金材料在 300N 干摩擦测试后，试样磨损部位纵截面的光学显微组织图［OM，（a）、（b）］及扫描电镜［SEM，（c）、（d）］图片。从图 8.28（a）中可以看到，新型自润滑材料在 300N 载荷下，存在

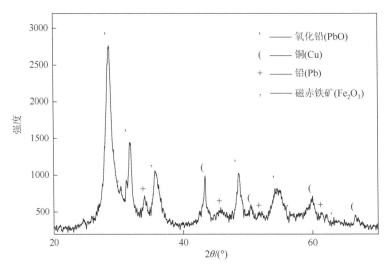

图 8.27　摩擦碎屑的 XRD 衍射图谱

载荷为 100N

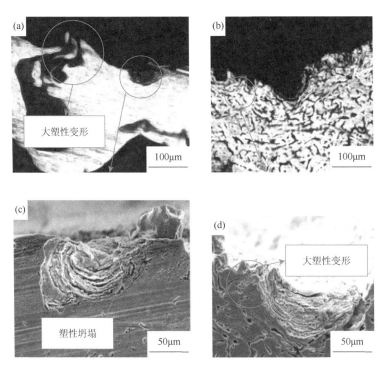

图 8.28　载荷为 300N 时新型自润滑材料及铸造铜-铅合金的 OM ［（a）、（b）］ 和
SEM ［（c）、（d）］ 图片

较大的塑性变形，较大孔隙的孔壁上部发生了明显的塑性弯曲，相比于较小的孔隙，发生了孔壁的塑性失稳坍塌现象，如图 8.28（c）所示。这种塑性失稳坍塌现象主要与摩擦界面处自润滑相之间的孔壁厚度有关，孔壁越厚，其抵抗塑性变形的能力越强，所能承受的载荷越大。而孔壁的厚度又与规则多孔预制体制备的气孔合并粗化现象有关。从图 8.28（d）中可以看出，铸造铜-铅合金的基体在摩擦力及工作载荷的作用下受到挤压，在接近摩擦界面处（上部）发生了较大的塑性变形，晶粒明显变细，自润滑材料铅存在被挤出的趋势。而远离摩擦界面处的位置上，晶粒不存在明显的塑性变形。铸造铜-铅合金基体中粗大的铜枝晶和分布在铜枝晶周围的自润滑相材料铅共同承担法向载荷的作用。以上图片证实，新型自润滑复合材料的确存在功能分区现象，即多孔材料预制体承担主要的工作载荷，随着工作载荷的增大，多孔预制体发生塑性变形来适应载荷的变化。而铸造铜-铅合金则自始至终由其材料整体来承受工作载荷，距离摩擦界面处不同位置发生的塑性变形量不尽相同。

综合上述分析，随着载荷的增加，新型自润滑材料的磨损机制主要从磨粒磨损转变成塑性变形及黏附作用。

参 考 文 献

[1]　石淼森. 固体润滑材料[M]. 北京：化学工业出版社，2009.

[2]　李松瑞. 铅及铅合金[M]. 长沙：中南大学出版社，1996.

[3]　黄振莺，翟洪祥，王轶凡，等. Ti3SiC2 系材料干滑动摩擦的稳定性[J]. 稀有金属材料与工程，2005，34（1）：523-526.

[4]　Zhang J，Alpas A T. Transition between mild and severe wear in aluminium alloys[J]. Acta Materialia，1997，45（2）：513-528.

[5]　温诗铸，黄平. 摩擦学原理[M]. 北京：清华大学出版社，2002.